U0278766

辣椒的建筑水彩旅途

辣椒 著

華中科技大學出版社
http://www.hustp.com
中国·武汉

内容简介

本书为以建筑为主题的基础水彩教程。全书共包括三章内容：第一章基础部分详细讲解了画材和辅助工具、透视、构图、视觉中心和对比、线稿、色彩理论、水彩上色技法等水彩画的基本理论知识；第二章案例部分通过 15 个案例，由简到难、由局部到整体，介绍了各种不同类型的建筑主题水彩画的绘画步骤和绘画技巧；第三章写生部分展示了 30 余张精美的写生图片，并且每幅画还配以简洁的文字描述，分享作者的创作思路、心情和小技巧，生动有趣。

图书在版编目（CIP）数据

辣椒的建筑水彩旅途 / 辣椒著 . 一 武汉：华中科技大学出版社，2021.4

ISBN 978-7-5680-6972-4

Ⅰ . ①辣… Ⅱ . ①辣… Ⅲ . ①建筑画－水彩画－绘画技法 Ⅳ . ① TU204.112

中国版本图书馆 CIP 数据核字 (2021) 第 027864 号

辣椒的建筑水彩旅途

Lajiao de Jianzhu Shuicai Lütu

辣椒 著

责任编辑：简晓思

装帧设计：金　金

责任校对：周怡露

责任监印：朱　玢

出版发行：华中科技大学出版社（中国 · 武汉）　电话：（027）81321913

武汉市东湖新技术开发区华工科技园　邮编：430223

印　　刷：武汉市金港彩印有限公司

录　　排：天津清格印象文化传播有限公司

开　　本：787mm × 1092mm 1/16

印　　张：10.75

字　　数：270 千字

版　　次：2021 年 4 月第 1 版第 1 次印刷

定　　价：79.80 元

前 言

本书讲解的所有知识，都是我在日常绘画中总结出来的经验。大家在画画的时候不要过于拘谨和小心，很多初学者用尺子去作画，或者用铅笔把所有细节画得很仔细之后再用钢笔去描绘，这样和画效果图一样，少了很多画味和趣味，有时候还会阻碍我们进步。很多人会问，画错了怎么办或者画不好怎么办？在这里我想告诉大家：

首先，画画就是在不断地犯错中总结经验和磨炼自己，我之所以喜欢钢笔，是因为钢笔有着不可涂改的特点，这样就会逼着自己去画完一张画，不至于画的时候涂涂改改、磨磨蹭蹭。

其次，关于速写的“速”这个字，其实没有一个具体的时间概念，可以是几分钟，也可以是几十分钟，甚至几个小时。初学者在画速写的时候不要盲目追求速度，也不要被时间所限制，刚开始画的时候速度可以慢一点，用心去观察和刻画，等熟练到一定程度之后再去追求速度，心理压力就不会那么大了。

最后，由于钢笔的不可涂改和速写的一气呵成的特点，画出来的效果难免会和实物有些偏差，其实只要大体的透视和比例看起来是舒服的，有偏差是可以忽略不计的，这叫“艺术许可”。我们在欣赏一幅画的时候，只会考虑画面效果，不会去追究它是否和实物一样，也不会有人拿着画去和实物一一对比。所以不要有这种心理压力，放心大胆去画，就算画毁了，大不了浪费一张纸，再画一次罢了，也没什么大不了的。

至于画照片和写生有区别吗？哪个更重要？我认为，画照片和写生还是有区别的。

照片是平面的、不会动的，有时候你会不自觉地跟着照片给人的感觉走，这样画面会比较死板，缺少灵性，如果只是画照片，有时候会陷入一种用色和构图的套路中。如果条件不允许，那么把你想画的场景拍下来回去画也是一个好的选择。

写生因为亲临现场，你能看到最真实、最丰富的色彩，也能观察到很多细节，现场的光线、人物、场景会给你最直观的感觉，也会刺激你的情绪，激发你的创作欲望，画出来的景色是有灵魂的。其实，写生就是平时画照片和临摹的实战，它有助于快速提升我们的画技，所以我觉得两者都很重要，能够结合起来更好。建议大家多观察大自然，多去户外写生，大自然才是最好的老师。

总之，大家一定要大胆去画，同时也要学会思考，更要学会享受画画这件事，把画画当作一种习惯或者放松的方式。不要想太多，也不要有心理压力，勤能补拙，多画、多练，总会进步。

By：辣椒

2020 年 12 月

目 录

PART 1 基础篇

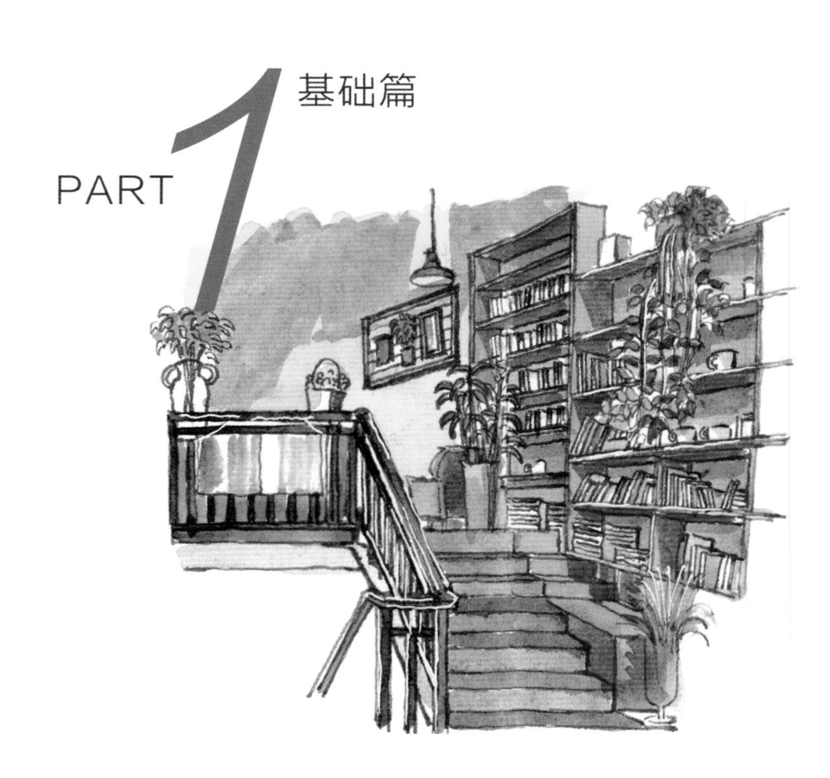

PART 2 案例篇

PART 3 写生篇

画材和辅助工具

透视

构图

视觉中心和对比

线稿

色彩理论

水彩上色技法

PART 1
基础篇

画材和辅助工具

大家在选择画材时，不用盲目追求品牌，适合自己的才是最好的。对于初学者，我建议先选择一些便宜的画材，等到画技提高之后，再根据自己的需要去更新画材。

下面给大家推荐一些我用过的或者我了解过的品质较好的画材。

○ 铅笔

铅笔主要用来打底稿。铅笔规格通常以 H 和 B 来表示，“H”是英文“hard”（硬）的首字母，表示铅笔芯的硬度，它前面的数字越大，表示铅笔芯越硬、颜色越浅。“B”是英文“black”（黑）的首字母，表示铅笔芯的黑度，它前面的数字越大，表示铅笔芯越软、颜色越黑。“HB”标记表示铅笔的软硬和黑度均适中。画线稿建议用 HB 或 2B 的铅笔。

当然，市面上还有各种品牌的自动铅笔，这种铅笔的优点是不用削，缺点则是笔芯容易断。具体选择什么铅笔，还是看自己的喜好，我个人比较推荐三菱牌自动铅笔，有点小贵，但是笔芯比较坚硬，不容易断，很耐用。

○ 针管笔

针管笔一般用来勾线稿，它遇水不会晕开，油墨干得很快，画的时候就算手碰到油墨也不会弄脏。

吴竹、三菱、樱花、斯塔等品牌的针管笔都比较便宜，其中我重点推荐吴竹和三菱的针管笔，它们的性能比较稳定，也很好用，油墨秒干，不会出现断墨之类的情况。吴竹有各种颜色的针管笔，我比较喜欢棕色的针管笔，颜色自然又好看。樱花这个品牌，市场上有不少山寨货，大家购买的时候要注意鉴别，而且樱花的针管笔有一个缺点，即油墨不容易干透。

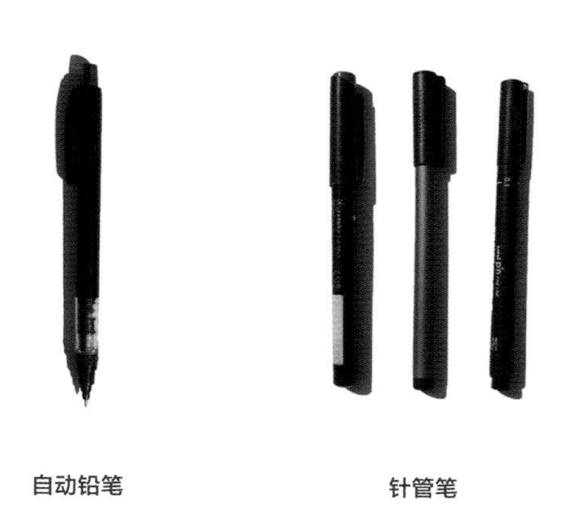

自动铅笔　　针管笔

针管笔也有规格，根据笔头粗细，分为 0.05 mm、0.1 mm、0.2 mm、0.3 mm、0.4 mm 等，数字越大，表示笔头越粗，画出的线条也越粗。一般情况下，勾线选择 0.1 ~ 0.3 mm 的针管笔比较合适。针管笔是一次性的，用完就没有了，不能加墨水，所以大家可以多储备几支，以备不时之需。

○ 钢笔和防水墨水

用钢笔加防水墨水勾线，这样线稿遇水也不会晕开。

我常用的钢笔有两种，一种是普通钢笔，另一种是美工弯头钢笔。普通钢笔我推荐百乐88G、百乐贵妃、凌美狩猎者等，这些钢笔笔尖比较细，可以画一些比较细致的线稿或者小画。美工弯头钢笔画出的线条有粗细变化，往下压画出的线条比较粗，往上抬画出的线条比较细。

钢笔　　防水墨水

用钢笔勾线稿一定要用防水墨水，防水墨水的品牌比较多，大家可以自行选择自己喜欢的。防水墨水一般有点贵，但是很经用，而且不会轻易褪色。不过大家画完线稿之后，最好还是等一下再上色，因为墨水干透需要一定时间。

○ 水彩颜料

水彩颜料有两种，一种是固体水彩颜料，另一种是管状水彩颜料。固体水彩颜料分为半块和全块，这种颜料的好处是不占地方、方便携带，适合外出写生用，小小的一块可以用很久。管状水彩颜料需要挤到颜料盒或者保湿盒里存放，且需要定期喷水保养。

水彩颜料的品牌很多，下面给大家介绍一些我常用的水彩颜料。

1. 固体水彩颜料

关于固体水彩颜料，初学者可以用温莎牛顿歌文、鲁本斯、秀普、史明克学院级，更高级的固体水彩颜料有荷尔拜因、史明克大师级、温莎牛顿艺术家级。喜欢小清新风格或者颜色鲜艳的，可以用温莎牛顿或者荷尔拜因；喜欢颜色沉稳或者高级灰的，可以用史明克。秀普的水彩颜料算是国产水彩颜料中性价比较高的，价格便宜且款式多，方便携带，颜色比较小清新，也比较容易上色。

固体水彩颜料

在上面的介绍中提到了学院级、大师级和艺术家级。其实很多品牌的水彩颜料都分等级，大师级或者艺术家级的自然混色、显色效果比学院级的要好。但是对于初学者来说，学院级的水彩颜料就可以满足需求了。

2. 管状水彩颜料

管状水彩颜料

至于管状水彩颜料，初学者可以用歌文，性价比较高。更好一点的有荷尔拜因、丹尼尔•史密斯等，这些颜料价格比较高。我用得最多的是丹尼尔•史密斯，这款颜料颜色漂亮，色彩还原度高，色彩扩散能力也不错，画完后还有颗粒感。

水彩颜料的颜色越多越好吗？我个人觉得并不是，因为很多颜色是类似的，有时候颜色越多反而越难配色。大家应该学会自己配色和调色，而不是依赖颜料盒里配好的颜色。

○ 水彩毛笔

水彩毛笔的种类很多，下面给大家推荐几款我比较了解的水彩毛笔。

1. 华虹尼龙毛笔

华虹尼龙毛笔分普通款毛笔和旅行款毛笔两种，其中旅行款毛笔可以折叠起来，方便携带。华虹尼龙毛笔价格较低，各方面表现力也还行，适合初学者。

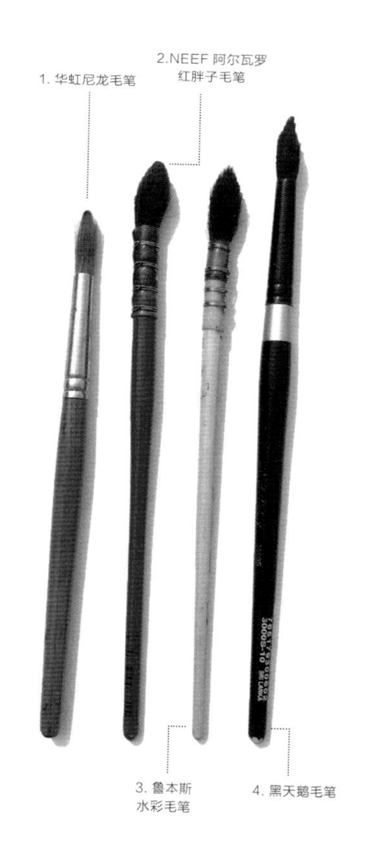

2.NEEF 阿尔瓦罗红胖子毛笔

这款毛笔是水彩大师阿尔瓦罗使用的，由松鼠毛制成，蓄水能力很好，不容易掉毛，适合渲染背景和画大幅作品，但是不太适合拿来刻画细节，并且这款毛笔价格比较高。

3. 鲁本斯水彩毛笔

这款毛笔也由松鼠毛制成，蓄水能力不错，不易掉毛，性价比较高，价格比红胖子便宜，不过笔毛比红胖子要软。

4. 黑天鹅毛笔

这款毛笔比较贵，但是用的人很多，也是我比较推荐的毛笔。这款毛笔由松鼠毛和少量混合毛组成，聚锋能力和蓄水能力都很好，适合渲染大背景，也能刻画细节。

○ 水彩纸

水彩纸是水彩画最重要也是最关键的元素。水彩纸分为细纹、中粗、粗纹三种。细纹水彩纸干得比较快，但对于初学者来说不好驾驭，这种纸适合画比较细腻的插画；中粗水彩纸比较适合初学者，它更好驾驭；粗纹水彩纸纹理比较明显，钢笔在纸上画的时候不太顺畅，因此不太适合初学者，这种纸适合画风景画。

水彩纸的克数，如 200 克、300 克等，数值越大，表示纸越厚实，越不容易变形，吸水能力也越好。当然，克数越大，价格也会越高。

下面给大家推荐几款水彩纸。

1. 全棉纸

全棉纸吸水能力强，渲染、湿画都可以驾驭，不会出现明显的水痕。国产的莱顿全棉纸还不错，性价比高，颜色也不会发灰。宝虹全棉纸也可以，宝虹分学院级和艺术家级，前者便宜一点，后者的纹理更清晰，色彩还原度和渲染效果也更好。更好一点的水彩纸品牌有阿诗、获多福、康颂传承等。阿诗水彩纸各方面性能都很好；获多福也不错，是我比较喜欢的一款水彩纸，其色彩还原度和渲染效果都不错，纸的纹理也比较适中，画线稿不会过于卡顿，其中高白款比原白款好。

2. 木浆纸

木浆纸吸水能力一般，渲染效果不如全棉纸，有时候会出现水痕，但是用来画淡彩还可以。我用过的木浆纸品牌有梦法儿、温莎牛顿，这些品牌的木浆纸性价比还可以。

○ 水彩本

水彩本小巧轻便，很方便旅行和写生时用，也方便画水彩速写等，而且可以摊开画全景图，非常实用。水彩本可以买现成的，也可以按自己的喜好，选择不同的封面和纸张去定制各种手工水彩本。我个人就比较喜欢纯手工制作的水彩本，比如夏目手作的手工水彩本就还不错。水彩本大小建议大家选择 32K，这个大小比较合适。水彩本也有不同的纹理和克数，选择时可以参考上文的纸张介绍。

水彩本

○ 辅助工具

橡皮：尽量选软一点的，擦得干净又不会弄坏纸张。

胶带：用来粘住纸张，使其在绘画过程中不会翘起来。

海绵或面巾纸：用来吸取毛笔上多余的水分。

调色板和调色盒：几乎所有的固体颜料都自带调色板或调色盒，若使用管状水彩颜料，便需要尽量购买保湿盒，调色板以光滑和白色的为宜。

折叠椅：外出写生方便携带和使用。

驱蚊花露水：夏季写生必备，有些地方夏季蚊子很多，没驱蚊水很难定点画画。

透视

透视在绘画中是一个必须要了解和学习的知识点，它是让画面看起来有空间感和体积感的重要因素。

透视首先要确定地平线，想象中的地平线与我们的视平线一致，透视所产生的消失点在地平线上，所有物体都会往消失点延伸缩小。有时候有一个消失点，即一点透视；有时候有两到三个消失点，即两点透视、三点透视。一点透视和两点透视在日常绘画中用得比较多，所以下面重点讲解一点透视和两点透视。

○ 一点透视

地平线上只有一个消失点，所有物体都会往这个消失点慢慢消失和变小。以一组方体为例，从不同视角去解析一点透视所产生的效果。

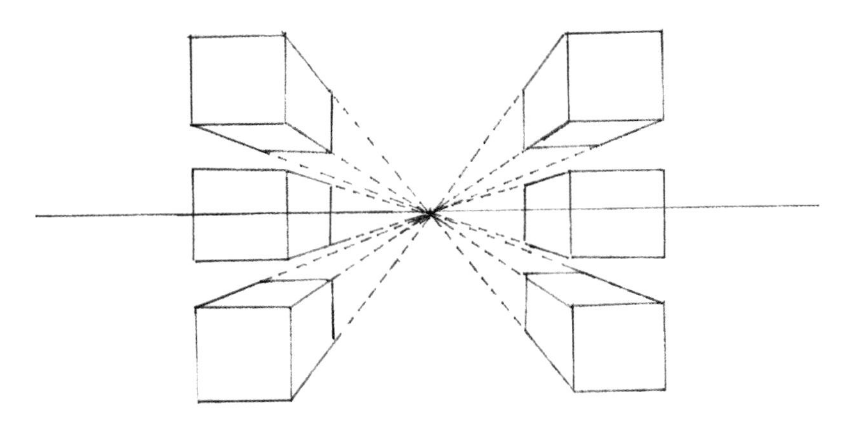

可以看出，除了方体的正面外，不管从哪个视角看去，其余的面都会往远处一个消失点慢慢缩小，这就是一点透视所产生的效果。

实例：以右边这条乡间小巷为例，可以看到所有的房子都往远处的一个消失点慢慢变小。其实有些紧挨着的房子高度是差不多的，但是因为透视的关系，它们看起来逐渐变矮了。

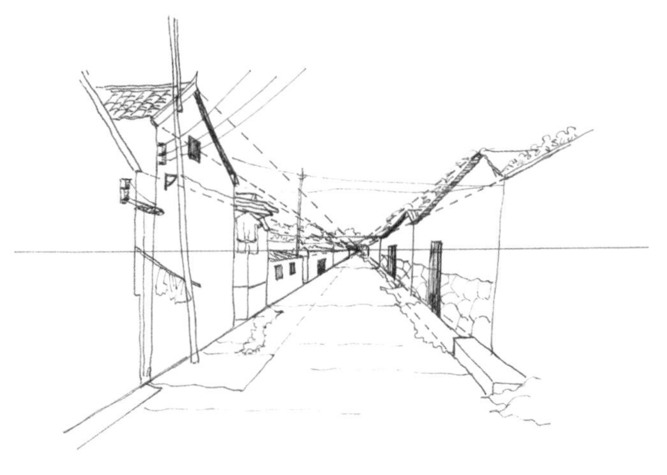

○ 两点透视

地平线上有两个消失点，所有物体会往两个消失点慢慢消失和变小。以一组方体为例，从不同视角去解析两点透视所产生的效果。

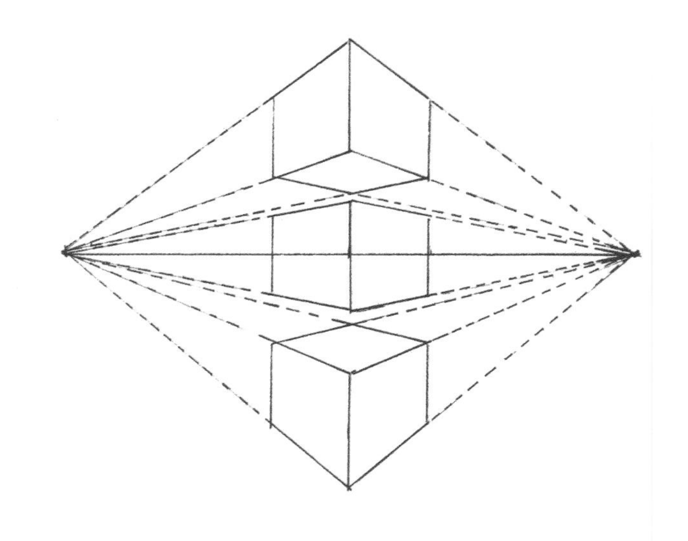

可以看出，方体的左右两个面，不管从哪个视角看去，都往两个消失点逐渐变小，这就是两点透视。

实例：以一座老房子为例，老房子左右两个面以及所有部分，都往两边的消失点慢慢变小，比如同一个面的两个柱子、两扇门和窗，实际大小是一样的，但因为透视关系，离消失点近的部位越来越小。

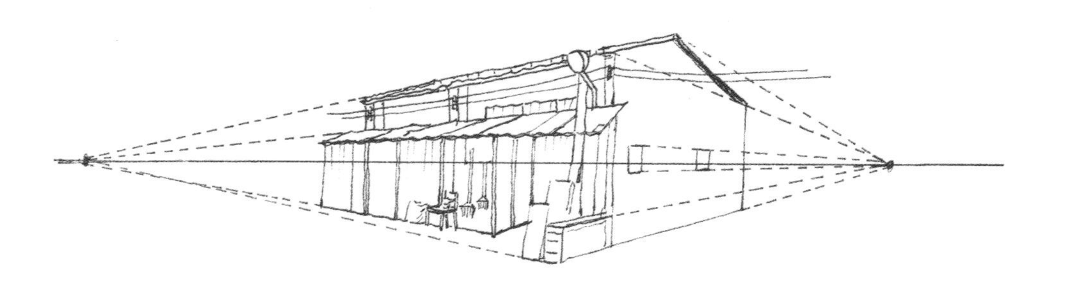

以上只是理论知识，那么我们在日常绘画和速写中该如何运用这两种透视呢？首先，要先明确我们的视角是平视、俯视还是仰视。其次，要确定透视关系是一点透视还是两点透视，有几个消失点。这样在画画的时候，越远离视平线的地方越倾斜，越靠近消失点的物体越小。一般情况下，我不建议大家用尺规去画画，这样会过于依赖工具。大家应该多用自己的眼睛去观察，多用自己的手去练习，这样才能把透视画好。

下面是一些一点透视和两点透视的案例。

chorcoal Grill

构图

构图是一幅画最重要的构成要素。一幅画如果构图不是很美观，其给人的印象就会大打折扣。而且构图不美观，也很难继续往下画。一幅画如果构图很好，就算只是草草几笔，也会给人留下不错的第一印象。构图的方法有很多，下面介绍几种构图的思路。

○ 构图的变化和均衡

① 构图太拥挤了，所有物体都堆在一起，会给人一种强烈的压迫感。

② 构图太松散了，所有物体四处散落，布局过于随意，会给人一种凌乱无序的感觉。

③ 构图失重，所有物体偏向其中一边，而另一边过于空荡，会给人一种失衡的感觉。

④ 构图过于靠后了，所有物体都放置在后面，前面过于空荡，会给人一种不平衡的感觉。

⑤ 构图均衡舒适，而且画面稳定又有变化，这样的构图既和谐又有对比。

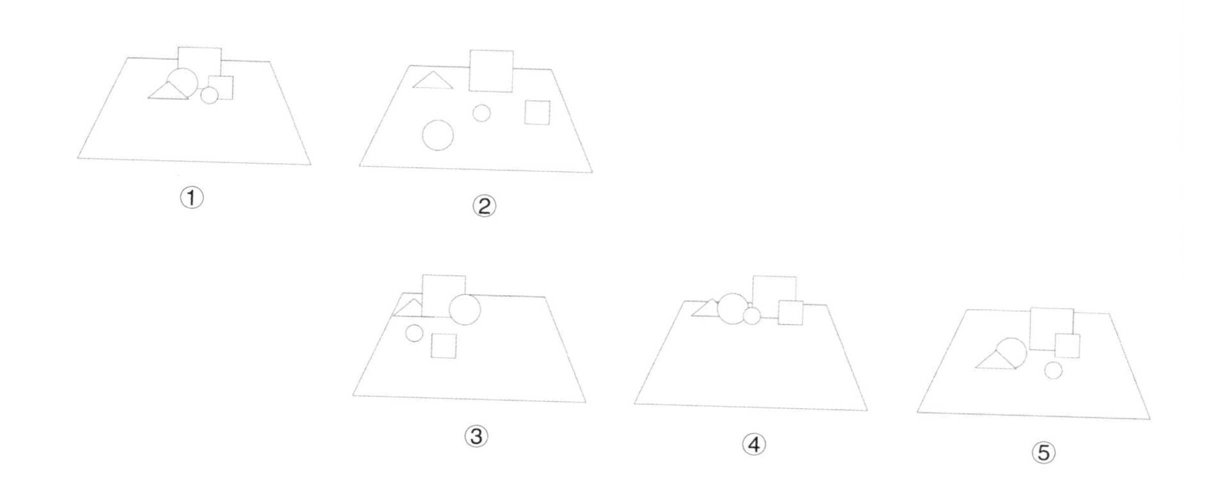

○ 构图的主观性和加减法

不少初学者喜欢照搬实物，看到什么就画什么。当然不能说这样完全不对，但是如果能主观地对画面进行处理，将实景的构图修改一下，将物体的布局重新调整一下，画面可能会更美观。我认为，一幅画更重要的是画面感，实物只是参考，不要过多地被实物牵着鼻子走。

我在构图时最常用的一个方法就是加减法。画风景建筑与画静物不一样，静物的位置可以挪动，但是现实中的风景建筑是无法挪动的，所以我们需要在画面里做调整。

所谓的减法，就是舍去画面里多余的或者影响画面效果的物体，也可以舍去我们自己不喜欢、不想表达的物体，保留那些精彩的、美观的、自己感兴趣的物体去描绘。所谓的加法，就是往画面里添加实景里没有的物体，这些物体可能是我们自己想象的，也可能是从附近挪过来的，这样能让画面更加丰富多彩，甚至有时候还会使画面更有韵味。

下面通过一张实景图和一张线稿图，结合以上知识点做讲解。

以上的实景图中是一间木屋小卖部，我想描绘的是前面的木屋和场景，因此在取景和构图时，我用了减法，把后面和两旁的房子去掉了，因为它们过于现代，与前面的木屋不协调。这样做减法，也是把画面里的累赘部分去掉了，以便突出画面的主体部分——小木屋。

画面里小木屋前面的物体我也做了调整。首先把左边的蓝色电动车去掉了，因为左边的物体太多，画面整体有些失重，去掉左边的一些物体才能保证构图的平衡。右边去掉了蓝色的单车（出于个人喜好），只保留红色的电动车。但是如果右边只有电动车，画面会显得比较空，所以我运用加法添加了一些盆栽，这样整体构图就比较均衡了。除此之外，我还把遮阳伞下的塑料桶主观改为盆栽，与后面的盆栽相呼应，同时也营造出一种悠闲、充满生活气息的场景。

以上就是我的构图思路，如线稿图所示，这张画的构图均衡但又有变化，有的物体分布在画面的不同位置，有的物体组合在一起，构图方式以左右对称为主，但是又有高低、大小对比，变化的同时又有平衡的效果。

视觉中心和对比

画画需要有视觉中心和对比，这两点很重要。如果不注重视觉中心和对比，即使你花了很多时间，整幅画也会显得平庸、暗淡，没有特点。

○ 视觉中心

视觉中心就是画面的趣味点，也就是画面的主体和你想重点表现的地方。重点刻画这个趣味点，其他一切只是为了陪衬和服务这个趣味点而存在，这样人们的目光就会被这个视觉中心吸引，这张画就有看头了。

画画的原则之一是近实远虚，即近处的东西要画得具体一点，远处的东西则画得简略一点，因为我们的眼睛很难看清楚远处的物体。但视觉中心不一定是近处的物体，也可以是远景、中景，要根据画面的构图和自己想表现的主题去选择视觉中心。

○ 对比

视觉中心和画面效果都是通过对比产生的。如果画面中每一样物体都画得一样细致，大小高度都是一样的，就会显得很平庸，没有重点，也没有空间感和体积感。所以构图的过程中，需要不停去做对比，然后对画面进行主观处理，比如做加减法，从而让画面有轻重之分，有节奏感。

1. 高低对比

一幅画中的物体要有高低对比，这样画面才会有节奏感，不至于很“平”。例如“高低对比”这张草图，因为空间关系，房屋形成了近大远小的画面效果。然后是树木，自然生长的树一般是杂乱无章的，不太美观，所以我做了删减，只画出一部分树木，而且让树木有高低之分，这样整个画面就会比较好看，也不会让人觉得压抑。后面的山也有高低之分，画山的时候不要画得过于平整。

2. 远近对比

来看“远近对比”这张图，这是一幅一点透视图，所以近处的物体比较大，远处的物体比较小。为了体现透视关系，近处的物体画得比较详细，远处的物体画得比较简略，这样空间感就出来了。

3. 明暗对比

加强画面的明暗对比，可以增强体积感和空间感，也可以制造出很强烈的光感。例如“明暗对比”这张草图，光从左边来，所以物体左边是亮的，右边是暗的，这样就形成了光影效果。

4. 虚实对比

有时候近处的物体不一定是实的，远处的物体也不一定是虚的，我们可以寻找一个自己想表达的趣味点去表现。例如“虚实对比”这张草图，中间的房子是重点，前面的房子画得比较简略，最左边的房子只画了一半，另一半虚化掉了，这样就能和中间的房子形成一种虚实对比了。

高低对比

远近对比

明暗对比

虚实对比

○ 实例分享

以上讲解了视觉中心和对比的基本要点，下面通过三个简单的实例，具体讲解和分析近景、中景、远景分别作为视觉中心的实际运用。

1. 以近景为视觉中心

以近景为视觉中心的是一幅街边的小景图，不难看出近处的砖瓦房就是视觉中心，所以在光影效果上我处理得比较多，对比比较强烈，房子墙面的纹理画出来了，瓦片也画得比较细致。至于后面的树，我没有画太多细节，也没有添加很强烈的光影效果，为的就是和前面的房子形成对比。不能让树抢了房子的风头，但是也不能只画一棵树的轮廓，还是需要补充一些细节的，毕竟树离我们视野也不是很远。最后面是几栋高楼，其实在实景里，高楼有很多窗户，结构也比较复杂，但是高楼毕竟是远景，所以只勾勒了简单的外形和窗户去表现，这样就形成了明显的对比关系。

2. 以中景为视觉中心

以中景为视觉中心的是一幅日式的街景图，以中间的房子为视觉中心，前后的物体和建筑做了简化及虚化的处理。其实在实景中，这组街景后面还有高楼大厦，但是出于画面需要，我把这些都去掉了，这样整体画面就不会显得过于拥挤、繁杂，也可以突出重点。主体房子墙面的肌理、结构及窗户我画得比较清楚、仔细，而远处建筑我直接把墙面的纹理去掉了，窗户也画得比较简略，这样就产生了对比。前面的自动贩售机我也没画完，省略了一部分结构，就是为了和视觉中心产生对比。

3. 以远景为视觉中心

当中景和远景都不如实景吸引我的时候，我会以远景为视觉中心。远景作为视觉中心比较适用于一点透视中。以远景为视觉中心的是一幅欧洲的街景图，其视觉中心是远处的城堡，城堡的结构和明暗关系我画得比较清晰、丰富，体积感和光感都表现出来了。但是两旁的建筑我画得比较简略，甚至有一些留白，这样它们就能与远处的城堡产生对比，而且两旁建筑末端的结构我都没画完，要么省略掉了，要么只画了一半，目的也是形成虚实对比和空间感。

以近景为视觉中心

以中景为视觉中心

以远景为视觉中心

线稿

在学习钢笔水彩之前，要先了解线稿和速写。下面介绍两种不同类型的线稿和速写。

○ 线性速写

线性速写是指用纯线条去表现物体和场景，这个方法是最常用的，也是后期上色线稿用得最多的一种方法。这种方法重点表现物体的外形和结构，比较容易上手，也比较实用。

1. 线条的类型

线条是组成画面的关键要素之一，不同的线条能塑造出不同的物体和质感，所以我们在画画的时候要注意灵活运用不同类型的线条。以下介绍几种线条的用法。

① **直线：**直线在线稿中是运用最多的线条，在画一些轮廓清晰、棱角分明或者外表坚硬的物体时，可以用直线去表现。直线可以分为横线、竖线、斜线，也可以分为短线和长线。其实大多数物体是由不同的几何体或者几何图形组成的，在练习画直线的时候，可以从一些简单的几何图形或者物体开始。画直线的时候要保持线条流畅，不要过多地停顿或者来回地涂抹，否则画出来的直线会比较毛糙和不顺畅。在实际运用中，可以利用直线区分虚实关系。画面里一些比较虚和次要的线条，画的时候要速度快一点，力道轻一点；一些比较实或者重要的线条，画的时候速度要适中或者缓慢一点，力道大一点。

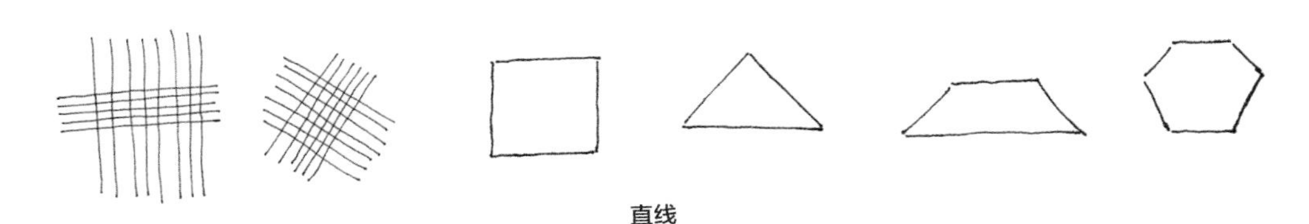

直线

② **波浪线：**波浪线也是比较常用的线条，主要用于画一些比较柔软或者灵动的物体，比如水纹、波浪、河流、窗帘等。我们可以根据实物的需要，去控制波浪的大小、起伏幅度、疏密程度等。画波浪线的时候，通过手的上下摆动去描绘线条。

③ **弧线：**弧线也是线稿中不可缺少的一种线条，它也是很多物体的重要组成元素之一，比如拱桥、拱门、窗户、瓦片等。画弧线的时候，我们要根据实物的具体形态来控制线条弧度的大小和长短，并且尽量一气呵成。

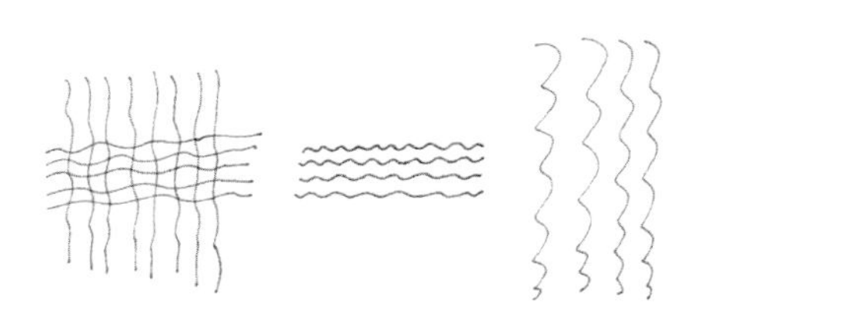

波浪线

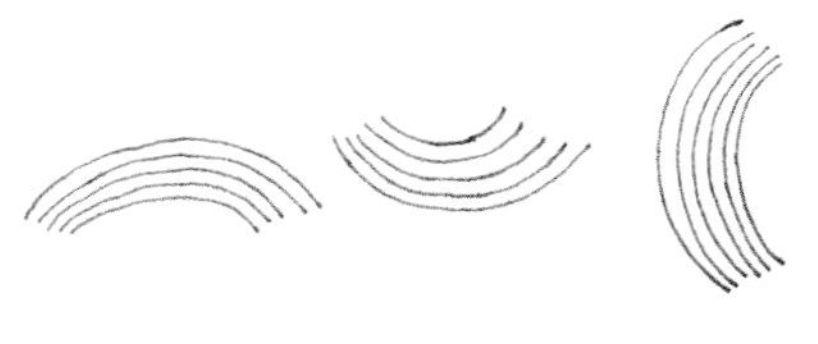

弧线

④ **圆形和椭圆形：** 圆形和椭圆形也是线稿中经常用到的元素。圆形的运用比较广泛，比如车轮、道路指示牌、钟表等；椭圆形也用得比较多，其实椭圆形就是圆形在不同透视条件下产生的视觉效果，比如花盆口、碟子、杯口等，因为视平线的不同和透视的不同，形成了不同大小的椭圆形。圆形的描绘是一个难点，我不太支持速写时拿尺规作图，这样画出来的图比较死板，失去了手绘的感觉。纯手绘画出来的圆，肯定不会特别圆，大家不用那么在意，只要看起来舒服且近似圆形就好了。在这里教大家一个画圆形的方法：一个圆形可以分两到三次完成，先画一个半圆，再画另一个半圆，或者另一个半圆分两次去刻画，这种刻画方式比较适合初学者，当然大家还是需要多多练习才能画好圆形的。

⑤ **不规则线条：** 以上都是一些规则或者有规律的线条，还有一些不规则的线条一般用来画植物、盆栽等。

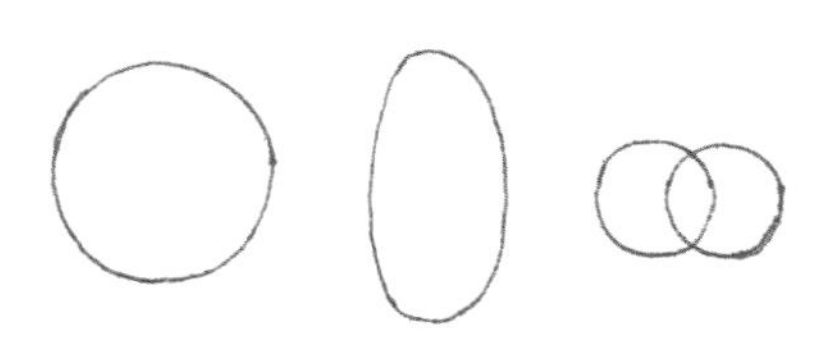

圆形和椭圆形

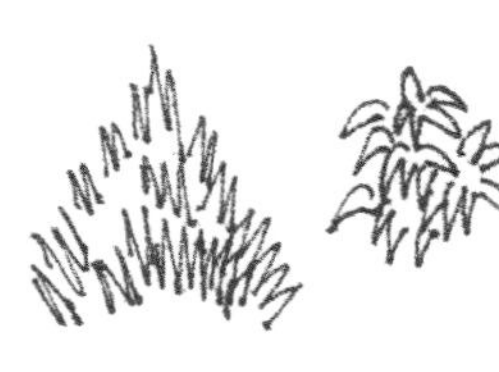

不规则线条

2. 线性速写示例

在练习线性速写的时候，可以先从一些小场景和小物体开始，然后慢慢进阶到中型场景和大型场景。下面给的大家示范一下小场景和中型场景的画法。

（1）小场景

① 先用铅笔大致描绘出物体的轮廓，不用刻画得很详细。

② 用钢笔刻画出物体初步的外形，先把轮廓画好，暂时不去刻画细节，这一步用到了直线、弧线、椭圆等，要保持线条的流畅和平稳。

③ 先刻画门上 3 个门框的细节，然后刻画门外地上的小草。小草用不规则线条画，画的时候注意疏密、高低变化，不要画得太规则了，这样会显得死板。

④ 刻画门上面和门外树桩的纹理，这一步也用到了直线，但这里的直线是虚的，所以画的时候要轻一点，运笔速度要快一点，可以适当有一些重叠。

⑤ 给画面做最后调整，可以适当加一点块面，添加一些对比，这幅线稿就完成了。

（2）中型场景

① 用铅笔画出物体的大致轮廓和透视关系。

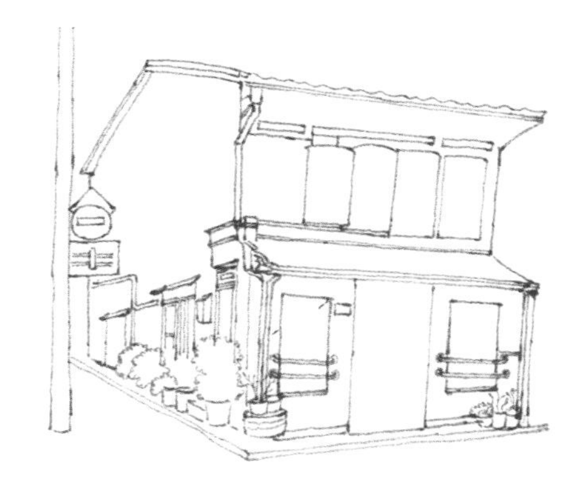

② 用钢笔描绘出物体的外形，以及门窗、植物等元素的位置和大致轮廓。

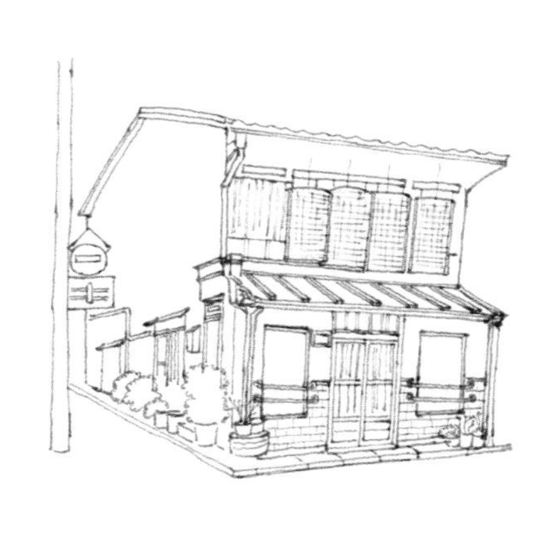

③ 先从物体的正面开始刻画，比如门窗的造型、墙面的纹理等。要注意线条的虚实，例如房檐底下的席子纹理的线条，画的时候要快速、轻盈，不要过于规律。

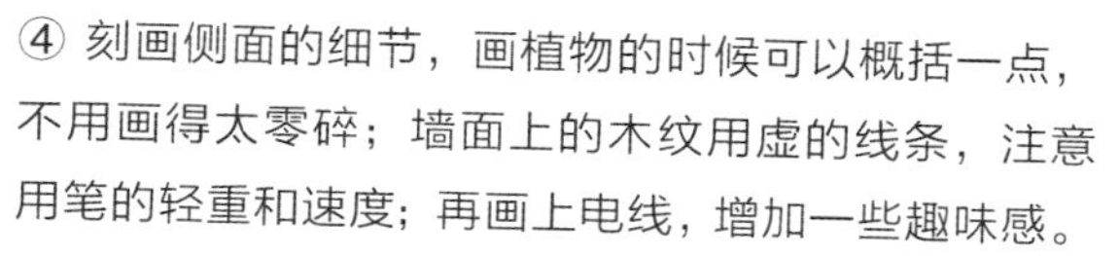

④ 刻画侧面的细节，画植物的时候可以概括一点，不用画得太零碎；墙面上的木纹用虚的线条，注意用笔的轻重和速度；再画上电线，增加一些趣味感。

⑤ 这个场景的暗面采用留白的形式，亮面刻画得比较多，这样就会形成一种明暗面的虚实对比。

○ 线面结合速写

线面结合速写是指将线条和块面结合，去表现物体的光感、质感、体积感等。线面结合速写给人一种比较强烈的视觉冲击力，虽然本书中采用线面结合画的线稿比较少，但是了解这种画法并且做一定的训练，对于理解光感、明暗和体积的关系等有一定的作用。

1. 关于块面的塑造

由于钢笔很难做到像铅笔一样，画出深浅不一的色调，所以用钢笔画线稿时，主要通过线条的疏密和重叠

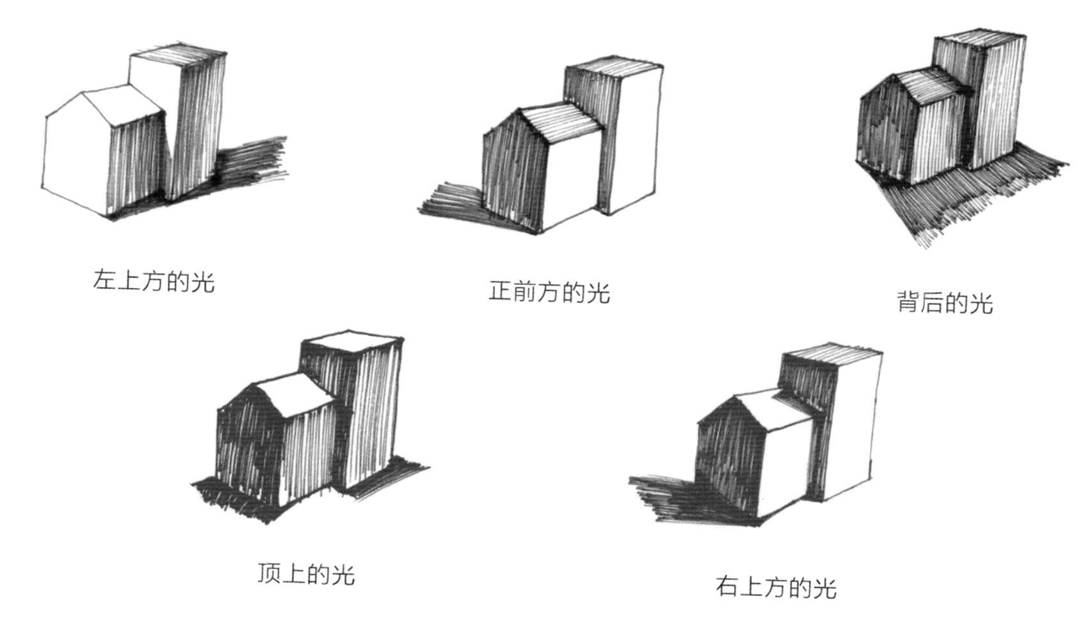

左上方的光　正前方的光　背后的光

顶上的光　右上方的光

去区分色调。不同角度的光线对物体会产生不一样的影响，下面我们通过把建筑几何化，去掉所有的细节，先对光影做一个了解。

从上面五张图可以看出，同一组建筑，同一个角度，在不同光源的影响下，会产生不一样的光影效果。因此，我们在画画的时候要先明确光源的位置，这对我们后面学习水彩有很大的帮助。

2. 具体画法

线面结合的速写不必和素描一样画得很细腻，色调只是起辅助作用，主要用来增强画面效果。不要在整个画面都画上块面，要根据画面需要去添加，有时候还要做留白处理，这样画面才能产生对比效果。下面给大家示范一下线面结合速写的具体画法。

① 先用铅笔把所有物体的轮廓画出来。

② 用钢笔把物体的轮廓描绘一遍，注意大致的透视关系，保持线条流畅。

③ 用钢笔给房顶的瓦片和墙面上的砖块画上纹理，要注意的是，砖块的纹理不要画得过于整齐，注意虚实对比和线条的长短，有时候随意一点反而更好。

④ 画地上的草堆和植物，也要注意疏密、大小关系，不要画得太均匀，也不要画得密密麻麻。然后画上电线。

⑤ 从中间的房子开始上色，不要画得很闷，也不要一次涂得很黑。例如，房子侧面的暗部其实是有变化的，越往远处，色调越暗，下部受到旁边房子的影响也会深一点；房子正面房檐底下的色调也要注意变化，靠近房檐的色调比较深，越往下色调越浅。

⑥ 刻画其他物体。给右边的房子画阴影的时候要注意渐变，因为离光源比较远，其色调总体来说，比中间的房子的要深。随后画上左边两个房子的阴影。最后再调整下画面，稍微画一下房子后面的树，但是房子后面的山和植被不要刻画得太多，远处的山用线条表现就好了，这样才能突出前面的物体，从而形成一种对比关系。

色彩理论

色相

色相，即色彩原本相貌。简单来说，就是色彩的名称，如红、黄、蓝、绿、紫等。

纯度

纯度是指色彩的饱和度和纯净度。刚从颜料管里挤出来的颜料纯度是最高的，混入其他颜色的颜料之后，纯度会随之降低。一般情况下，物体亮面的纯度比较高，灰面、暗面的纯度比较低。

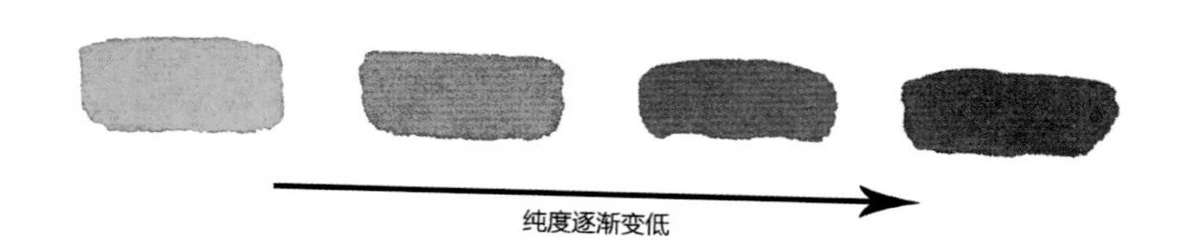

明度

明度是指色彩的明亮程度。在光线的照射下，越靠近光源的地方明度越高，越远离光源的地方明度越低，这就是区分物体黑、白、灰的方法。在透明水彩里，我不建议加白色去区分明度，大家可以通过控制水分的多少和混入其他颜色的方法去区分明度。

○ 互补色和邻近色

美术中的互补色是色环上 180° 相对的两种颜色，如红和绿、黄和紫、橙和蓝，把相对的互补色放在一起，对比效果会很强烈，有很强的排斥感，把两个互补色调和在一起，色调马上会变暗。在画一些暗面的时候，可以适当用互补色互调的方式去调色。

邻近色是色环上 90° 以内的相邻颜色，如黄色、中黄、橙黄等，这些颜色比较相近，你中有我，我中有你，给人一种协调、柔和的感觉。

一个色彩搭配的小技巧：单纯两个互补色放在一起，虽然给人的视觉冲击力很大，但是也会让人产生排斥感和视觉疲劳感，可以在里面加入这两个互补色之间的一个邻近色作为协调，这样在有对比的同时，又不失和谐。

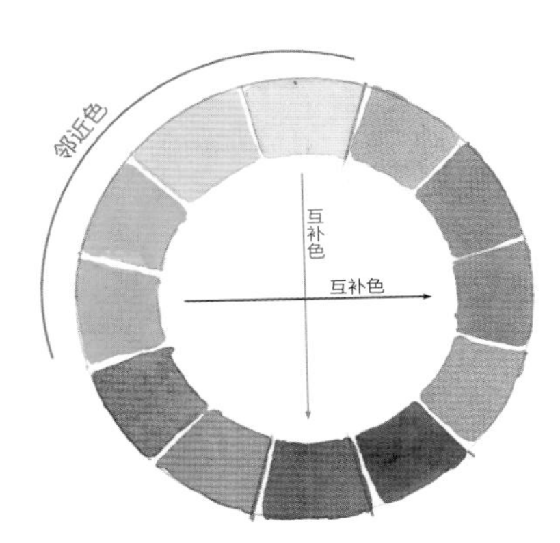

○ 色彩的冷暖

颜色有冷色、暖色和中性色之分，这种划分是根据人对颜色的主观感受而产生的。暖色会让人联想到火焰、太阳，给人温暖、柔和、亲切的感觉，如红色、黄色、橙色；冷色会让人联想到天空、海洋、冰雪等，给人寒冷、清爽的感觉，如蓝色、青色；紫色、绿色则为中性色。暖色、冷色是相对的，就算在同一个色系里，也可能会出现偏冷和偏暖的情况。

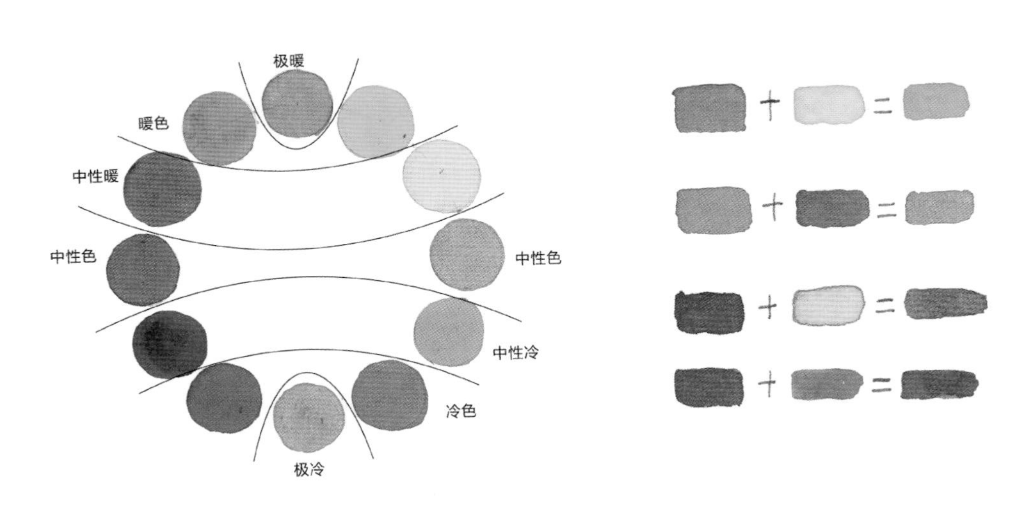

在实际色彩搭配中，冷暖色的运用可以区分物体和场景的前后关系，以及物体的亮面和暗面关系，从而增强色彩对比关系。

水彩上色技法

水彩上色技法有很多种，下面给大家介绍几种我常用的水彩上色技法。

○ 平涂法

平涂法是水彩上色技法中最简单也是最常用的技法。平涂，顾名思义就是平均涂抹，适用于水彩第一次上底色，也适用于没什么色彩变化的色块。

采用平涂法上色时，用笔要均匀，不宜来回涂抹，要将颜色均匀涂抹在纸上。

扫码观看视频

○ 叠色法

叠色法也是常用的水彩上色技法，适用于水彩第二次和第三次上色，用于刻画阴影和细节，以及增加色块。

扫码观看视频

第一次上底色时，水分要多一点，颜色要轻薄一点，第二次上色时一定要等底色的水分干透后才能叠色，由于水彩是透明色彩，覆盖能力不是很好，所以水彩上色时要先上亮色和比较浅的颜色，这样深色才能覆盖在上面。

○ 湿接混色法

湿接混色法是我常用的上色技法，具体操作就是在一种颜色还没有干的情况下，去衔接下一种颜色，这样两种颜色会自然地融合在一起，有对比的同时又很和谐，而且自然混色部分会出现一些漂亮的颜色。

Tips

有些初学者可能把握不好时间，或者调色速度比较慢，建议先调好一些颜色，这样就不会出现上一种颜色已经干透无法衔接的情况了。

扫码观看视频

○ 渐变法

渐变法适用于画天空、湖面，或者从暗面到亮面过渡。这种画法的具体操作是先在纸上刷一层水（要均匀涂抹），然后把调好的颜色一次性地从左到右依次往下刷，这样就会出现渐变效果了。画完之后可以把纸张竖立，让渐变效果更明显。

扫码观看视频

○ 湿画法多次混色

这种画法是几种水彩上色技法中比较难的，常用于画颜色绚丽的天空和湖面，我在画老建筑时常用这种技法表现斑驳的、变化丰富的墙面。具体操作是先在纸上刷一层水，然后将我们想要的颜色往上涂抹，在水分还没有干的时候，衔接不同的颜色上去，等到水分干透后，会出现意想不到的漂亮混色，这就是水彩的魅力——不确定性。

扫码观看视频

○ 敲溅法

敲溅法可以用来制造气氛，也可以表现老房子墙面上的肌理和斑驳感。具体操作方法就是左右手各拿一支毛笔，用右手的毛笔蘸上颜料之后敲打左手的毛笔，颜料就会溅在纸上。调色的时候可以适当多加一点水，这样颜料才能被甩上去。不要只甩一个地方，根据画面需要，随意甩到不同的地方，这样画面才不会死板。结束之后，可以用纸巾吸取一些颜料，这样就会有深浅变化了。

扫码观看视频

小卖部的窗口

老房子一角

街边的小商店

蓝色小房子

路边的铁皮屋

阳光下的小木屋

海南骑楼

解忧水果店

老居民房

老牌粉面馆

铁路旁的小房子

咖啡屋

日本街道

老街理发店

老城区的旧房子

PART 2
案例篇

小卖部的窗口

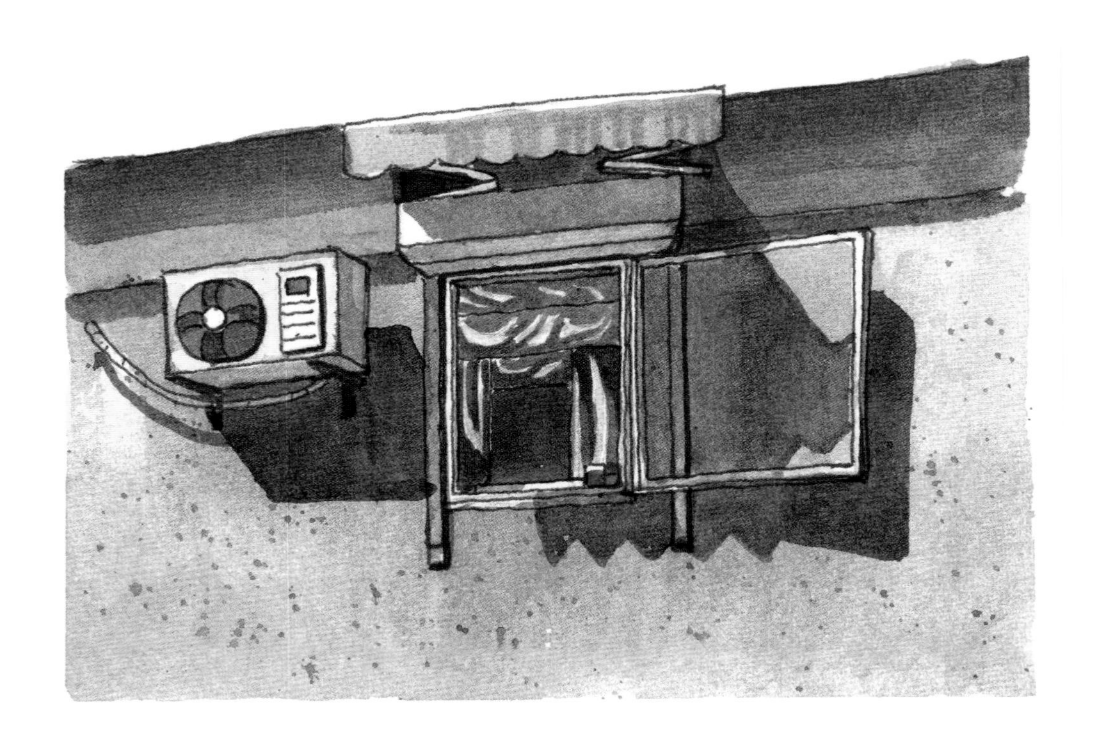

扫码观看视频

工具

颜料： 丹尼尔 • 史密斯管状水彩颜料

纸张： 300 克获多福高白中粗水彩纸

毛笔： 华虹毛笔

配色

花绿　中黄　天蓝　深褐

深棕　猩红　土黄　浅绿

群青紫　浅莎黄　群青蓝　玫瑰红

中性黑

线稿

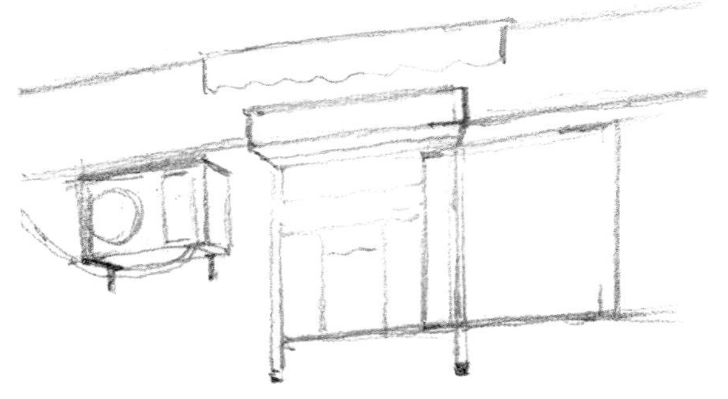

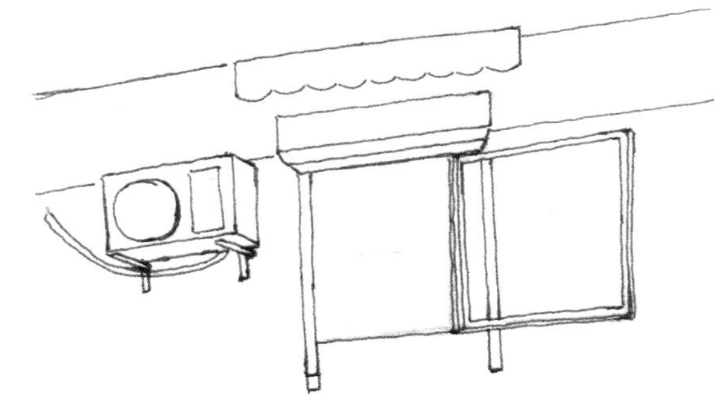

1. 先用铅笔的侧锋画出物体的外形，这个小场景因为透视关系是往右倾斜的，大致画出物体外框即可。

2. 用钢笔将所有物体的外形勾画一遍，先不用刻画太多细节，但要保持线条的流畅度。

3. 画上空调机和窗户的细节，注意窗框要画出一些小侧面，这样才能有立体感。用铅笔画出窗帘褶皱部分，待后期上色的时候可以区分开。这样线稿基本完成了。

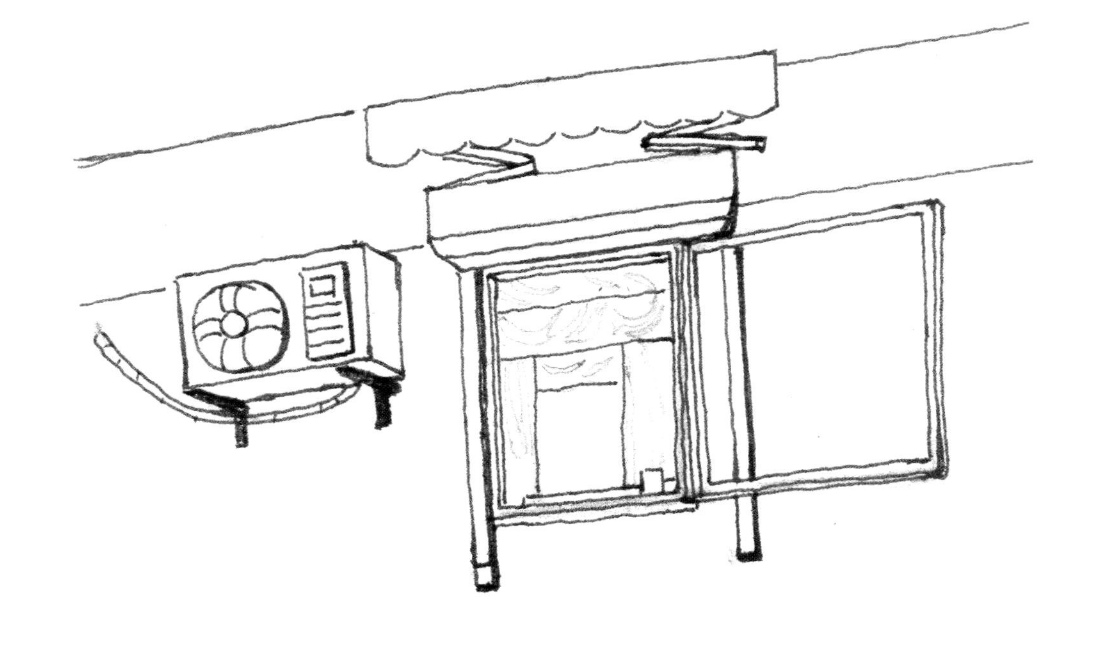

上色

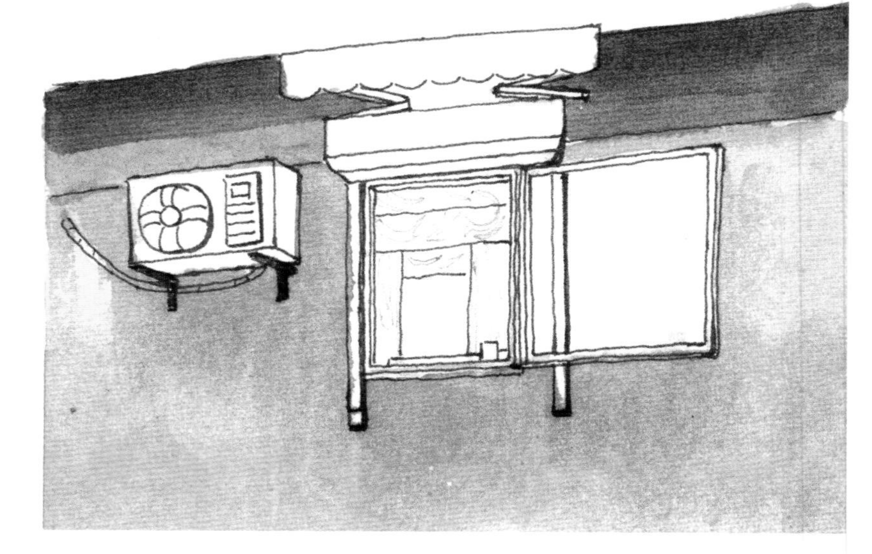

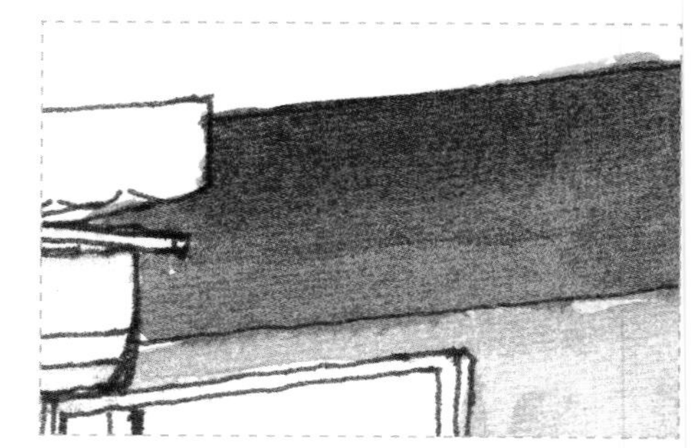

给墙面和墙梁上色。

1. 墙面采用湿接混色法上色。上半部分墙面从右往左上色，右边用花绿、中黄和一点群青紫混合后上色，左边在右边的基础上混入一些浅莎黄后上色，加以区分；然后趁湿，混合群青蓝、玫瑰红和天蓝后给下半部分墙面上色，这样上、下两部分墙面颜色就会自然地衔接在一起；最后趁颜料还没干透，用群青蓝、深褐、天蓝调出一种灰蓝色，画出墙面的斑驳。

2. 墙梁上色时，先用猩红多加水，画出亮色部分；再用猩红少加水，画出阴影和深色部分。

画墙面上的斑驳时，注意笔触要往下，这样画出的斑驳会更自然。

对空调机和窗口初步进行铺色。

1. 暖色部分：先用土黄、浅绿混合后给雨棚上色，再用浅莎黄、深棕加一点点天蓝和群青蓝混合后给右边窗户上色，最后用猩红加一点浅莎黄调色后画出空调的亮面部分。

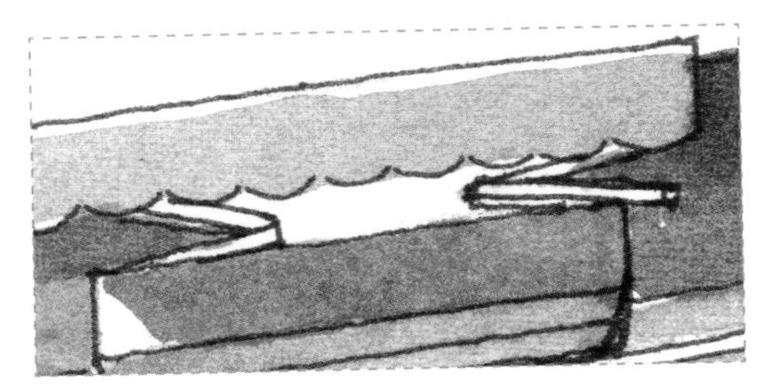

2. 冷色部分：先用群青蓝、玫瑰红加一点中黄后画出空调的暗面部分，再用猩红、群青蓝混合后给窗框上色，接着在窗框底色的基础上加入一点玫瑰红和深棕画出窗梁上的阴影，最后用群青蓝、花绿、深棕混合后给窗帘上色。

注意要分出冷暖关系，亮面为偏暖的黄色，暗面为偏冷的灰蓝色。初步铺色时水可以多一点，不要涂得过于厚重，不然后期完善细节的时候无法叠色。在画窗帘的时候，褶皱部分要留出来。

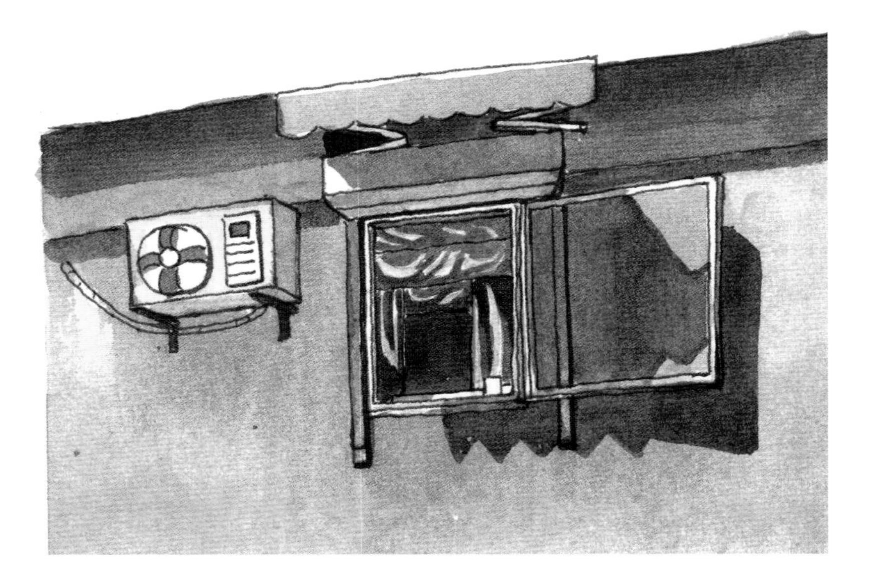

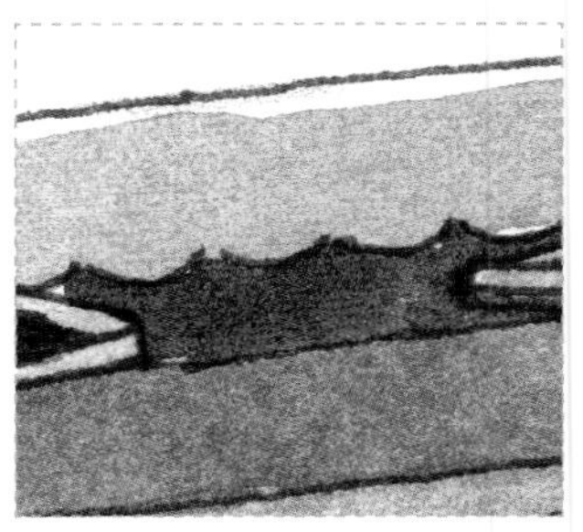

刻画窗户的细节。

窗户是主体部分，要着重刻画。窗户的重点是阴影部分：左边窗户内部纵深处阴影是最暗的，用中性黑、玫瑰红、群青蓝混合后上色；刻画右边窗玻璃上的阴影时要注意形状，用群青蓝、玫瑰红、深棕混合后上色；窗框四周的阴影要比玻璃上的深，用群青蓝、玫瑰红、花绿混合后上色。随后用天蓝加多一点水调出一种比较浅的蓝色画出窗帘亮部。

花绿和玫瑰红是互补色，相互调和可以使颜色纯度变低。

刻画空调机的细节，调整整体画面。

1. 先画出亮面的一些细节，然后刻画阴影。空调机的阴影和窗户的一样，往后边倾斜，用群青紫、玫瑰红、花绿混合后上色。

2. 对整体画面做最后调整，采用敲溅法将一些灰蓝色小点洒在画面上，制造画面氛围，这幅画就完成了。

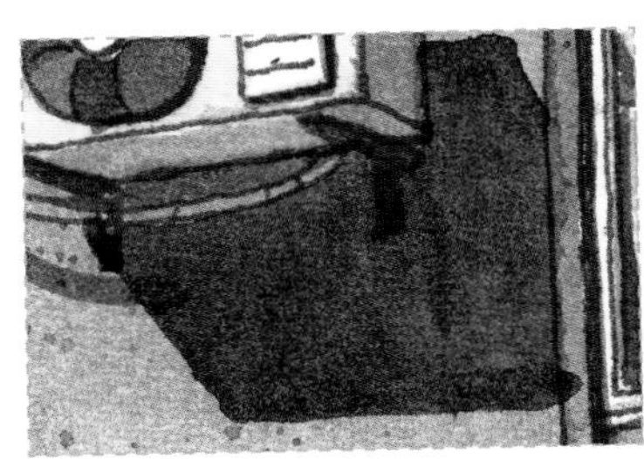

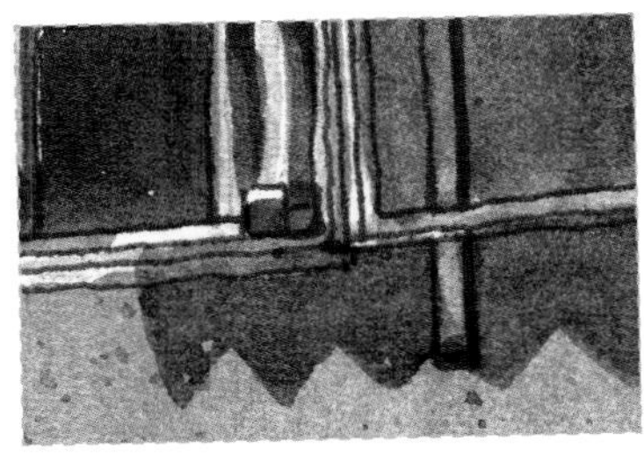

老房子一角

扫码观看视频

工具

颜料： 丹尼尔·史密斯管状水彩颜料

纸张： 210 克印度卡迪粗纹手工本

钢笔： 写乐美工钢笔

毛笔： 华虹毛笔

配色

土黄　花绿　深棕　深褐

中黄　天蓝　群青蓝　浅莎黄

钴蓝绿　玫瑰红　群青紫　猩红

线稿

1

2

3

1. 用铅笔大致勾勒出后面房子和前面柜子的外形。

2. 用钢笔画出所有物体的外轮廓，保持线条流畅。注意，右边柜子的透视属于一点透视。

3. 丰富细节：前面两个柜子的纹理和厚度要表现出来；窗户的细节也要完善，画出窗框和栏杆；再添加一些电线和电箱，这是老房子必不可少的元素。这样线稿基本完成了。

上色

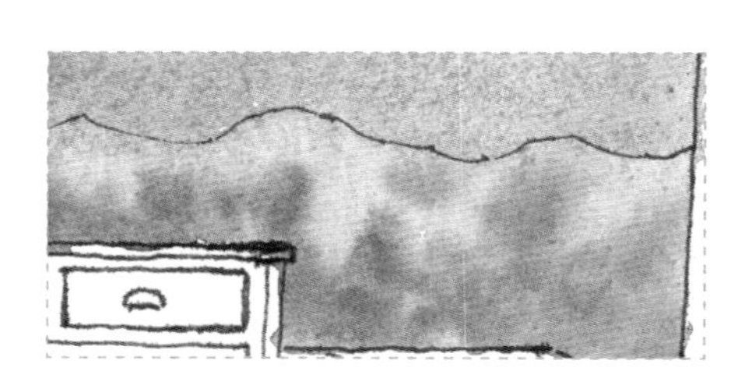

A 先对房子进行初步铺色。

1. 房子下半部分墙面采用湿画法上色，先用土黄、浅莎黄加一点点花绿混合后整体铺色，然后趁湿用花绿、深棕、土黄调出墙面斑驳的颜色，水分尽量少一点，用点缀的方式将颜色画在原来的底色上。

2. 房子上半部分墙面采用湿接混色法，分两部分上色，先用群青蓝、钴蓝绿加一点点深棕调出浅一点的蓝色给下半部分上色，然后用群青蓝、玫瑰红加一点深棕调出一种偏紫红的蓝色给上半部分上色，两种颜色要自然地衔接在一起。

3. 接着给窗户上色，窗户外框亮一点的部分用中黄、浅莎黄、猩红混合后上色，左边略暗的部分加入一点花绿后上色，窗户偏右一点的暗部用群青蓝、玫瑰红、深棕混合后上色，最右边用土黄加一点天蓝、花绿混合后上色。房子顶部的屋檐用群青蓝、群青紫、深褐混合后上色。

柜子上色。

1. 左边柜子的亮面采用湿接混色法上色，其下半部分用土黄、深褐混合后上色，上半部分用土黄、深褐再加一点玫瑰红混合后衔接上色。

2. 右边柜子的亮面偏暖，从左到右上色。左边柜面用土黄、猩红、玫瑰红混合后上色。接着调入一点深褐给中间底部柜面上色，再加入一点玫瑰红给中间下部柜面和右边柜面上色，中间上部柜面和顶部柜面颜色最亮，用土黄、浅莎黄加一点深褐混合后上色。

3. 画完两个柜子的亮面后，开始刻画暗面。暗面可以用群青蓝、玫瑰红、深褐混合后上色。

暗面偏冷色，调色时群青蓝的比例要稍微多一点。

刻画细节，让画面更加丰富。

1. 在左边柜子亮面画出一些木纹的纹理，并加深边缘及最上方的颜色，使其更有层次感，偏黄部分用土黄、深褐加一点猩红混合后上色，偏红部分用土黄、中黄、玫瑰红混合后上色。

2. 右边柜子亮面也要刻画细节和叠加一些同类色进去，以增加柜子的质感。先用深褐、玫瑰红、群青紫给左右两边及中间底部柜面叠色，再加入一点玫瑰红给中间下部柜面叠色，接着加入一点中黄和土黄，给中间上部柜面叠色。

3. 刻画完柜子细节，再刻画窗户的细节，用群青蓝、深棕、玫瑰红调色后，加深一下阴影部分和栏杆部分。这样柜子和窗户细节刻画就完成了。

亮面上色时水要少一点，这样才能制造色彩叠加的效果。

刻画阴影，制造光影效果。

1. 房子部分，用群青蓝、群青紫、猩红加多一点水混合后薄涂上色，然后趁湿用深棕、群青紫、群青蓝调出一种比较深的蓝色，画出深色阴影部分。

2. 左边柜子下方浅色的阴影用深棕、玫瑰红、花绿调色后画出，柜体下方深色的阴影用深棕、群青紫、群青蓝调色后画出，柜子上的光影用深棕、群青紫、群青蓝和一点玫瑰红调色后画出。下半部分墙面上的光影用深棕、群青蓝、玫瑰红加多一点水调色后画出。最后用群青蓝做底色，调入玫瑰红和深棕调色，加深柜子部分暗面的颜色。

3. 最后用高光笔画出电线、栏杆、柜子上的高光，这幅画就完成了。

柜子亮面和下半部分墙面上的光影是附近的植被投射过来的，画的时候要注意阴影的形状。

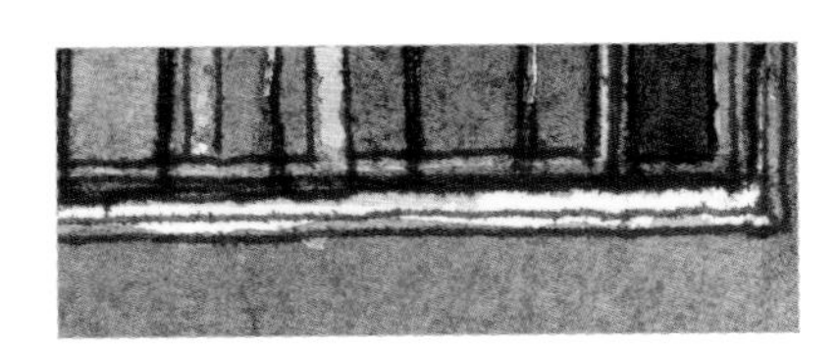

街边的小商店

扫码观看视频

工具

颜料： 荷尔拜因管状水彩颜料

纸张： 阿诗中粗水彩纸

钢笔： 写乐美工钢笔

毛笔： 华虹毛笔

配色

土黄　黄色　橙黄　朱红

深褐　红色　洋红　深紫

永固绿　翡翠绿　孔雀蓝　普蓝

线稿

1

2

3

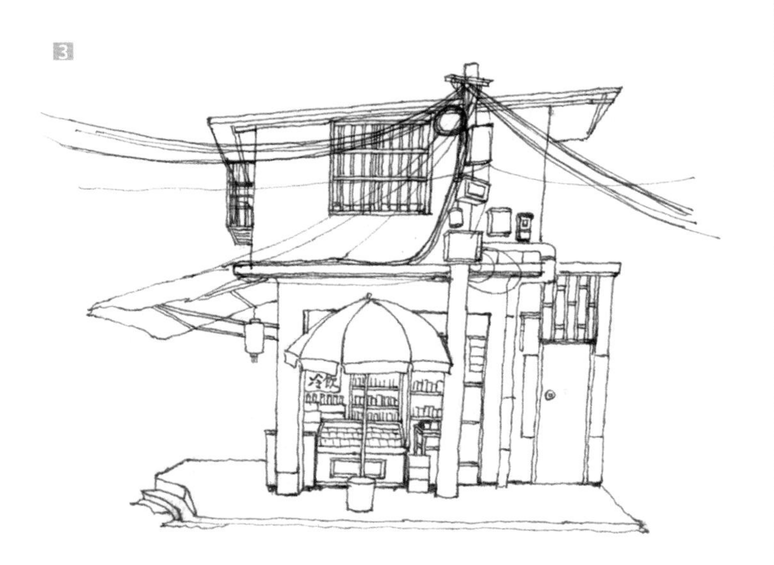

1. 用铅笔将房子、电线杆、遮阳伞的外形和大概的位置画出。

2. 用钢笔将所有物体的外形勾画出来，要注意物体间的透视关系。

3. 进一步完善线稿，如窗户的栏杆、电线等。

小商店里面的架子和一些物品不用画得太仔细，因为这些物体位于暗部，做虚化处理即可。

上色

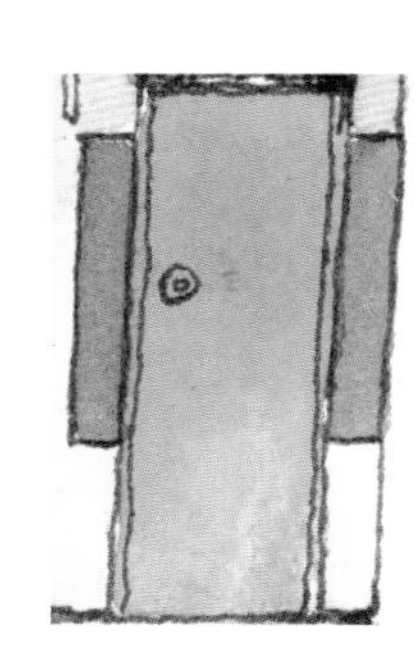

从浅到深，给所有物体进行第一次铺色。

1. 采用湿接法给二楼墙面上色，注意左边的明度和纯度比右边的要高一些。左边用孔雀蓝、红色、土黄混合后上色，调色时多加一点水；右边用普蓝、深褐、红色混合后上色。

2. 一楼墙面同样采用湿接法，从上到下上色，制造出渐变的效果。上面为偏冷的红色，下面为偏暖的黄色。先用黄色、橙黄加多一点水调出黄色给下面部分上色，随后混入一些洋红给上面部分上色，上下两种颜色要衔接过渡自然。

3. 给一楼右边小门上色时要把纯度降低，用永固绿、翡翠绿、黄色混合后上色。雨棚、遮阳伞、地面、墙上的对联、电线杆、电表和一些细节部位，大家可以根据图中示意，自己尝试调色和上色。

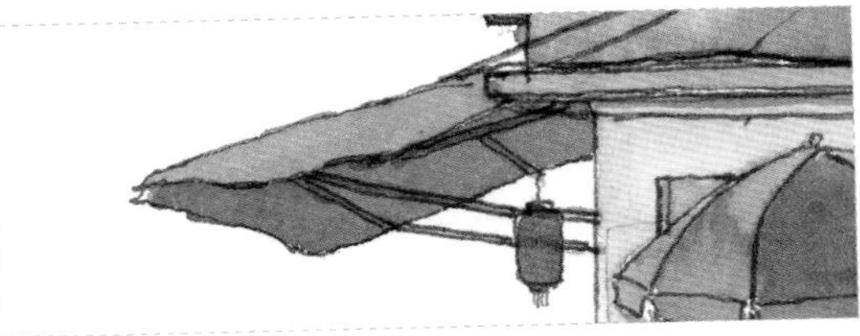

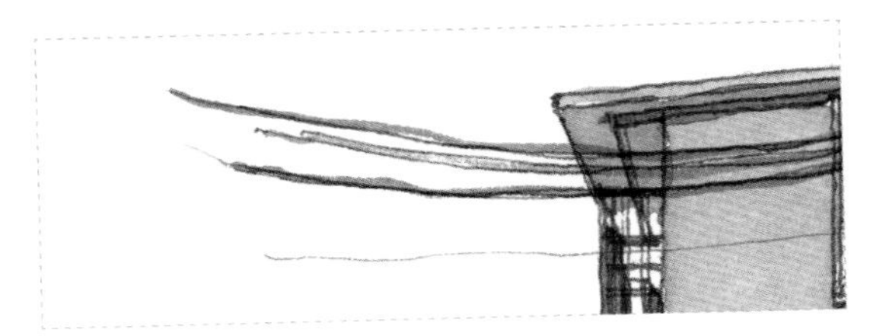

刻画暗面。

先用孔雀蓝、红色、深褐混合后画出小商店内部的暗面，再用深紫、普蓝、洋红混合后画出房檐的暗面，接着用普蓝、洋红、深褐混合后画出雨棚的暗面。然后用普蓝、深褐调出一种比较深的蓝色，用小号的笔画出电线部分。

暗面的颜色偏冷，纯度要低一点，这样才能与亮面形成对比，并且暗面和亮面上色要分开进行。

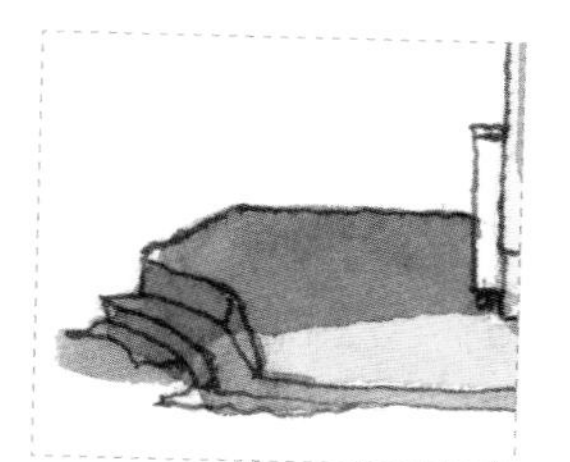

C 刻画光影和阴影。

1. 二楼墙面上的阴影主要是房檐和电线的投影，这些阴影使画面更有空间感，用普蓝、洋红、深紫调和后上色。

2. 一楼墙面上的阴影偏紫红色，用孔雀蓝、深紫、洋红混合后上色；之后多混入一点孔雀蓝，画出电线杆上的阴影；再混入一点朱红，画出地面上的阴影。右边小门上的阴影，用翡翠绿、深紫、深褐调出一种偏冷的绿色来上色。

3. 用普蓝、红色、深褐调出比较深的蓝色，加深小商店内部的暗面，注意要留出一些底色，不要全部覆盖掉。

Tips 一些类似的颜色，可以在同一个底色里混色，不需要再另外调色，这样调出的颜色既和谐又有对比。

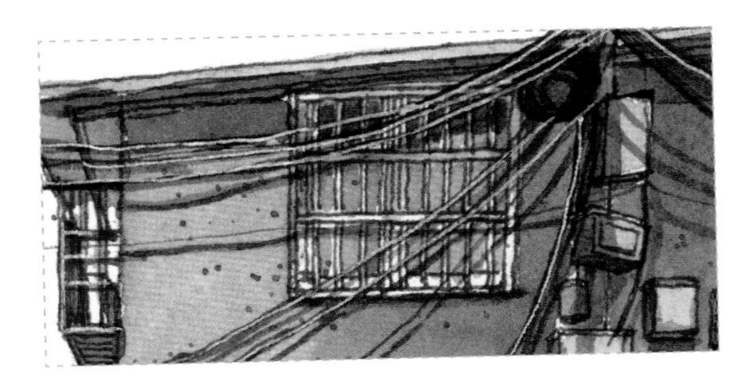

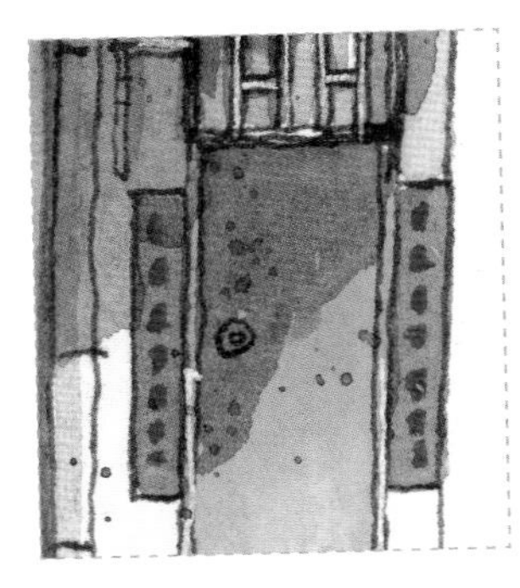

调整画面，完善细节，制造画面效果。

用高光笔画出电线和遮阳伞的高光部分；用小号的笔点缀一些棕色小点，代替对联上的字；用敲溅法在纸上洒下一些不同颜色的小点，制造画面氛围，注意方向和力度，洒完之后可以用纸巾吸取一部分颜料，这幅画就完成了。

蓝色小房子

扫码观看视频

工具

颜料： 荷尔拜因管状水彩颜料

纸张： 宝虹艺术家级中粗水彩纸

钢笔： 写乐美工钢笔

毛笔： 华虹毛笔

配色

钴蓝 深紫 普蓝 朱红

黄色 赭石 土黄 深褐

暗绿 青绿 灰绿 洋红

深茜红

线稿

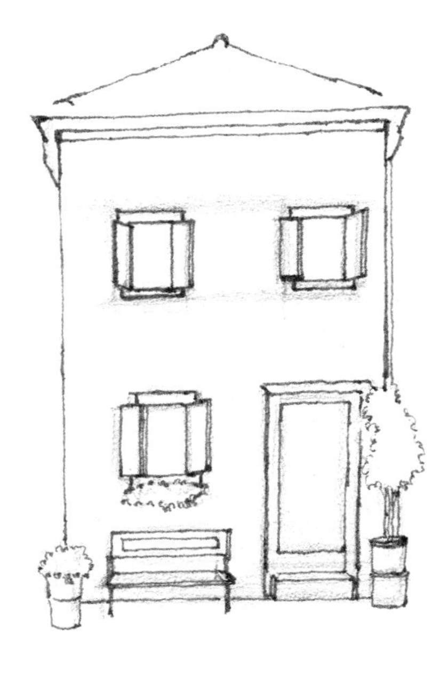

1. 用铅笔将房子的外形勾画出来，门、窗、盆栽、椅子也画出来，可以用一些辅助线去定位置，不用画得很仔细，画出大致轮廓就可以了。

2. 用钢笔将房子和其他物体的外形初步描绘出来，下笔尽量顺畅。注意窗户的透视，因为窗户打开的方式不一样，透视也会有区别。

3. 添加细节，如房顶的瓦片、门上的装饰、窗户和椅子的纹理、盆栽的叶子等，这样线稿部分就完成了。

上色

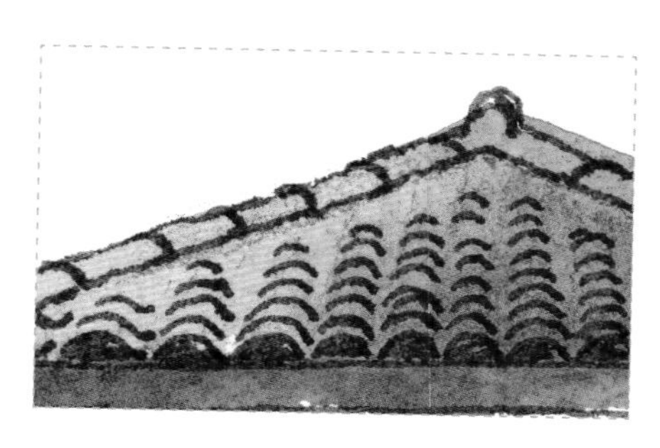

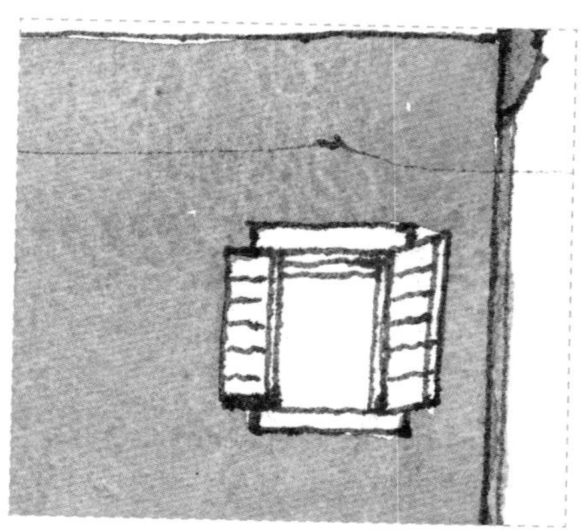

A 给墙面和房顶上底色。

1. 墙面从上往下上色，上半部分用钴蓝、深紫加一点点普蓝混合后上色，画到一半的位置时混入一点点深茜红，使下半部分墙面的颜色深一点。调色时，普蓝和深茜红不要加太多，否则会破坏颜色的新鲜度。

2. 房顶从左往右上色，左边最亮的部分用朱红加黄色混合后上色，然后趁湿加入赭石画出比较暗的部分，最右边小角落混入一点深紫画出最暗的地方，注意亮色部分的比例要比暗色部分的大。

虽然底色比较简单，但是也要注意色彩变化。另外，铺底色时可以多加一点水，方便后面叠色。

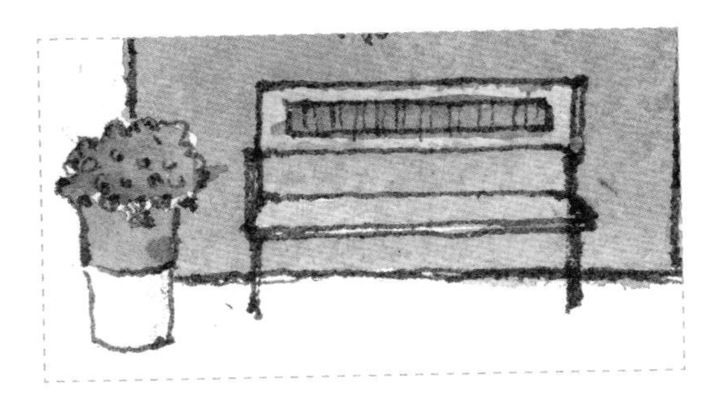

B 给门、窗、盆栽、椅子上色，注意颜色深浅、冷暖变化。

1. 先用土黄、赭石混合后给椅子上色，再用赭石、黄色、朱红混合给后右边上方的花盆上色，接着加入一点朱红后给左边上方的花盆上色，最后用赭石、暗绿、青绿混合后给右边下方的花盆上色。

2. 采用湿接法给门上色，先用黄色加一点朱红给门左边的亮部上色，然后趁湿加入一点洋红衔接出门右边较暗的部分。门口的台阶用黄色加一点暗绿混合后上色，调色时多加一点水。

3. 上方两扇窗户里面，先用土黄加赭石给左边较亮的部分上色，再加入一点赭石和深紫后迅速衔接右边较暗的部分。左上方窗户外面用青绿加一点土黄混合后给左边玻璃上色，然后混入一点点暗绿给右上方窗户外面的左边玻璃上色。下方窗户里面用普蓝、赭石、深茜红混合后上后。接着用暗绿、深紫、钴蓝混合后，给上方两扇窗户外面的右边玻璃以及下方窗户外面的两边玻璃上色。

刻画阴影部分。

1. 墙面上的光是从右边照过来的，所以阴影都在左边位置。墙面上的阴影颜色以蓝色为主，不同颜色的阴影都以普蓝为底色，混入少量的深茜红、赭石，或者深棕、深紫、灰绿来调和，这些颜色不要混入太多，不要改变阴影的基调和基础颜色。

2. 门上的阴影是盆栽的投影，颜色偏暖，用土黄、深茜红、深紫混合后上色，之后趁湿用普蓝、深茜红加少量钴蓝画出门上最右边最深的阴影。

阴影是有形状的，画的时候要注意阴影的形状变化。刻画阴影的时候，要等上一层颜色干透后才能再上色，而且要比铺底色的时候少加一点水。

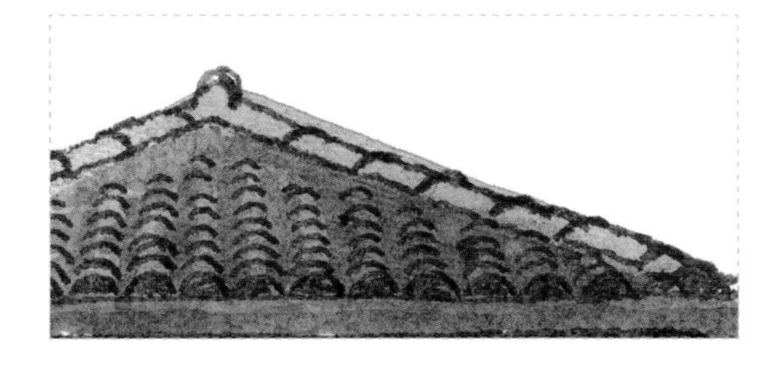

对画面整体进行调整。

1. 房顶用深一点的红色画出瓦片与瓦片之间的凹槽。窗户用高光笔画出亮部，窗户里面的阴影纯度是最低的，用普蓝、赭石、深茜红混合后上色。画出房子上的电线及电线下方的投影。

2. 给盆栽画上暗部，再点缀一点叶子和花瓣。将房子前面的椅子也画上阴影，这幅画就完成了。

路边的铁皮屋

扫码观看视频

工具

颜料： 丹尼尔 • 史密斯管状水彩颜料

纸张： 宝虹艺术家级水彩纸

钢笔： 写乐美工钢笔

毛笔： 华虹毛笔

配色

猩红　深褐　中黄　深棕

土黄　花绿　浅绿　天蓝

群青蓝　玫瑰红　钴蓝绿　群青紫

酞菁绿　中性黑　浅莎黄

线稿

1

2

3

4

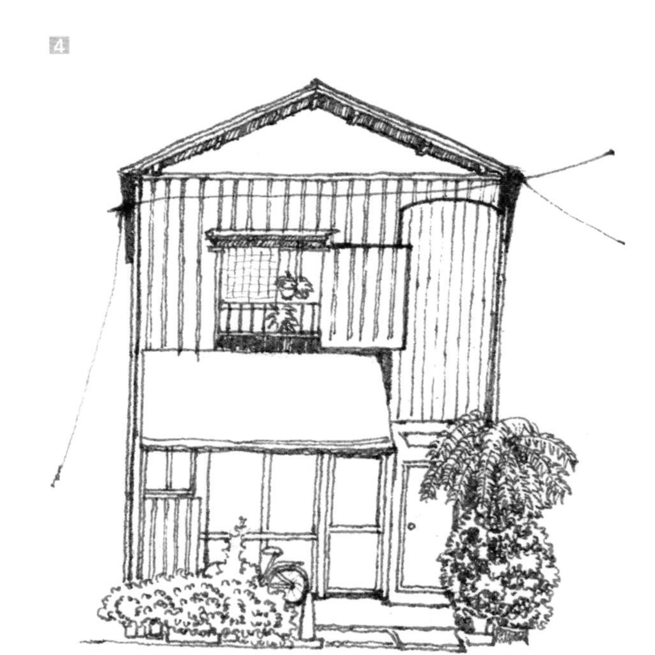

1. 用铅笔将铁皮屋的外形和其他物体的大概位置勾画出来，植物不用画得太仔细，把大概形状画出来即可。

2. 用钢笔把铁皮屋和其他物体初步描绘出来，保持线条流畅，下笔要肯定一点。

3. 用钢笔画出铁皮屋的纹理，线条不要太重了，运笔速度可以快一点。画出植物的叶子，不要画得过于密集，要留出一些空白。房顶要画出两边凹进去的块面，这样才能形成空间感。

4. 用钢笔适当增加一些暗面，体现出画面的厚重感。

用钢笔刻画的暗面不要画太多了，要给上色留出更多的发挥空间。

上色

A 先给铁皮屋进行第一遍渲染上色。

1. 招牌的颜色是最亮的黄色，用猩红、浅莎黄和一点点深褐混合后上色。

2. 招牌以上蓝绿色铁皮的颜色比较亮，采用湿接法，用钴蓝绿、中黄、群青紫混合后上色；黄色铁皮部分用深棕、深褐、土黄混合后上色，调色时可以多加一点水。

3. 屋顶部分是凹进去的，为了营造空间感，明度和纯度可以低一点，用土黄、深棕、群青紫混合后上色。

4. 招牌以下铁皮的颜色是偏冷一点的蓝绿色，用钴蓝绿、酞菁绿混合后上色，调色时少加一点水。

5. 右边的小门，颜色的纯度和明度都偏低，而且受到旁边植被的环境色影响，有点偏绿，因此用深棕、深褐、花绿混合后上色。

6. 招牌下部窗玻璃的颜色比较暗，用群青紫、中黄、天蓝、群青蓝、深棕、花绿混合后上色。地面用土黄加花绿混合后上色。

招牌以上部位的明度要高一点，招牌以下部位因为受到招牌和旁边植物的遮挡，明度会低一点。

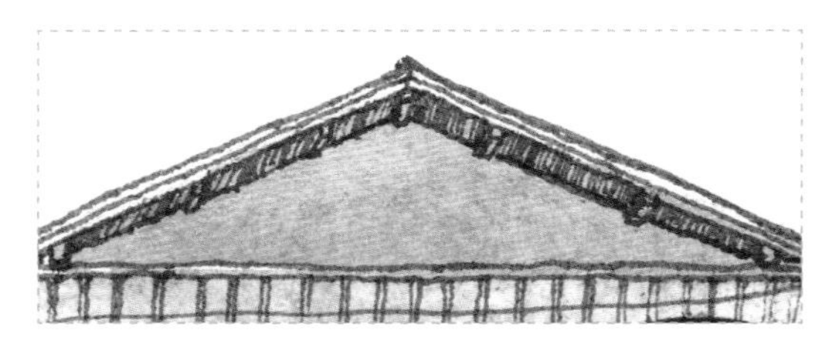

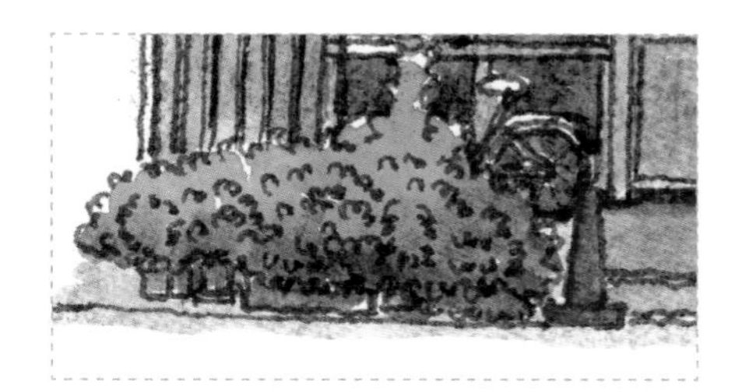

刻画铁皮屋的一些细节和植物。

1. 左边植物的颜色整体要偏亮一点，分三个层次上色，见细节图。最亮的部分用浅绿加中黄混合后上色，这部分所占比例比较大；用酞菁绿、中黄混合后给中间色部分上色；用花绿、酞菁绿、群青紫混合后给暗色部分上色，暗色部分所占比例比较小。

2. 右边植物分上下两个部分上色，下部用酞菁绿、中黄、花绿混合后上色，上部用浅绿、中黄、群青紫混合后上色，注意区分明暗。

3. 刻画招牌上部铁皮的细节部分，要表现出质感和一些锈迹，用到的颜色有深棕、土黄、浅莎黄、群青紫、钴蓝绿。

给植物上色的时候，绿色一定要经过调和，不然画出的绿色很“生”，既不耐看，也不协调。

刻画阴影部分，注意每个阴影的色彩倾向。

1. 招牌以上蓝绿色铁皮部分阴影颜色偏蓝，用钴蓝绿、群青紫、群青蓝混合后上色。黄色铁皮部分阴影颜色偏棕，用深棕、群青蓝、玫瑰红混合后上色。屋顶阴影颜色偏灰，纯度比较低，用深棕、群青蓝、群青紫混合后上色。

2. 招牌以下有些部位阴影颜色要加深，这样才能产生对比。右边小门阴影用深棕、花绿、群青蓝混合后上色。地面的阴影用花绿、群青蓝、深褐混合后上色。玻璃的颜色要调出一种比较深的蓝色来加深。

对画面整体进行调整。

用群青蓝和中性黑混合后给屋顶上方的电线和门口的单车上色，招牌上用中性黑和深棕混合后写上店名。左边和右下方的植物，先用酞菁绿加中黄点缀亮色部分，然后加入一点花绿和群青紫点缀比较暗的部分。右上方的植物用花绿、酞菁绿、中黄混合后上色。最后用高光笔调整一下细节，这幅画就完成了。

阳光下的小木屋

扫码观看视频

工具

颜料： 丹尼尔•史密斯管状水彩颜料

纸张： 宝虹艺术家级中粗水彩纸

钢笔： 写乐美工钢笔

毛笔： 华虹毛笔

配色

浅绿　土黄　深棕　花绿

深褐　中黄　猩红　玫瑰红

酞菁绿　群青紫　群青蓝　浅莎黄

中性黑

线稿

1

2

3

4

1. 用铅笔勾画出小木屋和其他物体的外形。

2. 用钢笔描绘出小木屋和其他物体的大致轮廓，不用刻画细节，下笔要肯定，线条要流畅。

3. 刻画细节，如木板上的纹路、铁门上花纹、盆栽的叶子等。

4. 适当地给物体加点阴影，给物体底部增重，增加线稿的立体感，但是不用刻画太多的阴影，要给上色留出足够的空间去发挥。

这个小木屋的画法属于两点透视，房子的左右两边往远处缩小，画的时候要注意这种透视关系。并且小木屋右边的物体切斜度比较大，木板和木头应该是近大远小的关系。

上色

给所有物体进行第一次铺色。

1. 屋顶左边的油毡布顶，以中间的木头为分界线，上方用浅绿、土黄加一点酞菁绿混合后上色，下方用酞菁绿、群青紫、深棕混合后上色，边缘在原有的基调上多混入一点群青紫后上色。屋顶右边的油毡布是暗面，用群青蓝、群青紫、花绿混合后上色。

2. 小木屋左边的墙面，先用中黄、土黄、猩红混合后给中间下部墙面上色，接着加入一点深褐往上衔接，最后用玫瑰红加深棕给上部墙面上色。左右两边墙面，先用浅莎黄加一点玫瑰红后给下部墙面上色，再加一点玫瑰红和群青紫迅速往上衔接上部墙面。最底部的墙面，先用玫瑰红和深褐混合后画出偏红的部分，接着用深棕加一点花绿、酞菁绿画出偏绿的部分。

3. 小木屋右边墙面受光最少，整体偏冷灰色，用群青蓝、深褐、花绿混合后上色。最前面竖长方形的木板用群青紫、群青蓝、深褐混合后上色。中间架起来的木板和木头，越往里，颜色纯度越低，越偏冷，外层木板用浅莎黄和浅绿混合后上色，里面木头用中黄、深棕、深褐、群青紫根据不同区域和比例混合后上色。最底下的横长方形木板颜色偏灰，纯度较低，用土黄、深褐、群青紫、玫瑰红、群青蓝根据不同区域和比例混合后上色。盆栽下面的鸡笼用土黄加深褐混合后上色。

在上色之前，先要明确光影和冷暖关系。太阳光从左边照过来，所以小木屋左边为亮面，颜色偏暖；右边为暗面，颜色偏冷。

制造画面的光感和阴影效果。

1. 小木屋左边铁门里面的阴影分两次刻画，先用群青蓝、深褐、中性黑调出一种比较灰的颜色上一次色，待颜色干后，再用群青蓝和中性黑叠加一层更深的颜色，制造光影效果（第二次上色时要少加点水）。左边墙面上的阴影用深褐、群青紫、群青蓝混合后上色，注意阴影的形状，之后趁湿加深一下阴影的颜色。

2. 小木屋右边，用群青蓝、群青紫、深棕混合后画出木板的阴影部位和最暗的地方，黄色木头部分的阴影用中黄、深褐、群青紫混合后上色。屋顶右边油毡布下面的暗部是整个右边最暗的地方，要分两次刻画，先用群青蓝加深褐调出一种比较灰的颜色上色，然后混入一点中性黑加深；等颜色干透后，再多加一点中性黑，再次加深靠近油毡布的部位。墙面底下的罐子亮面留白，画出偏冷的阴影就好。最后面的盆栽也要进行刻画，画出光影变化即可，它们不是主要物体，不用详细去刻画。

所有的阴影都偏冷灰色，绘阴影上色时可以少加一点水，效果会更明显。

 换大一点的毛笔，刻画地面和地面上大面积的阴影。

1. 地面的颜色偏暖、偏浅，用土黄加深褐混合后上色，调色时多加一点水。

2. 地面上的阴影颜色偏蓝，纯度高，用群青紫、猩红加多一点群青蓝混合后上色，调色时多加一点水，注意阴影形状的变化。后面的鸡笼上也有阴影，且这个阴影颜色比地面阴影颜色要深一点。

对画面整体进行调整。

调整一下画面，看看哪些地方需要修饰一下。最后用高光笔画出一些白色的电线和铁门的高光，以及其他地方的高光，这幅画就完成了。

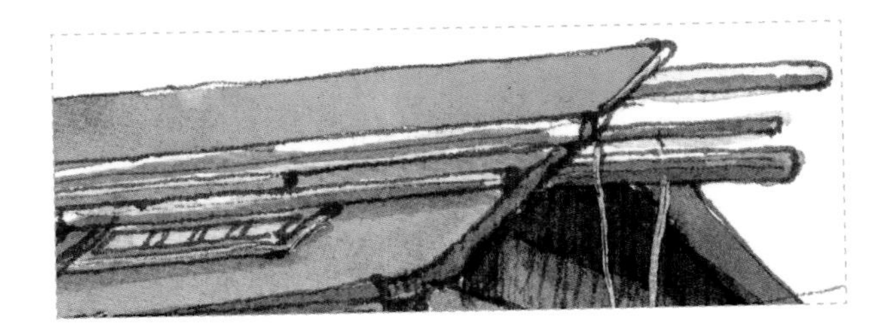

海南骑楼

扫码观看视频

工具

颜料： 史明克大师级水彩颜料

纸张： 获多福高白水彩纸

钢笔： 写乐美工钢笔

毛笔： 华虹毛笔

配色

镉红　土黄　普蓝　亮绿

紫色　乌褐　群青蓝　威尼斯红

永固绿　酞菁绿　橄榄绿

线稿

1

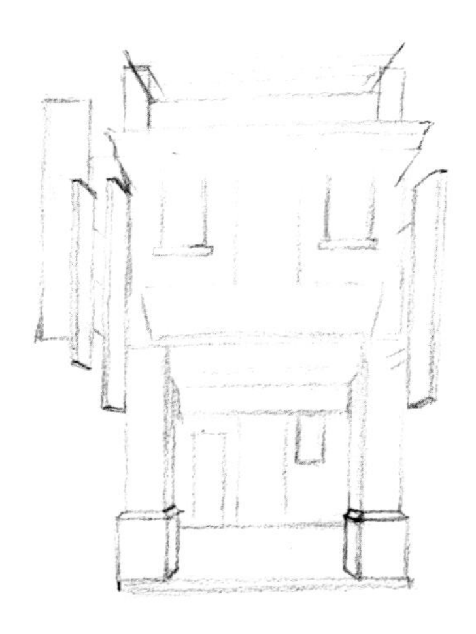

2

3

4

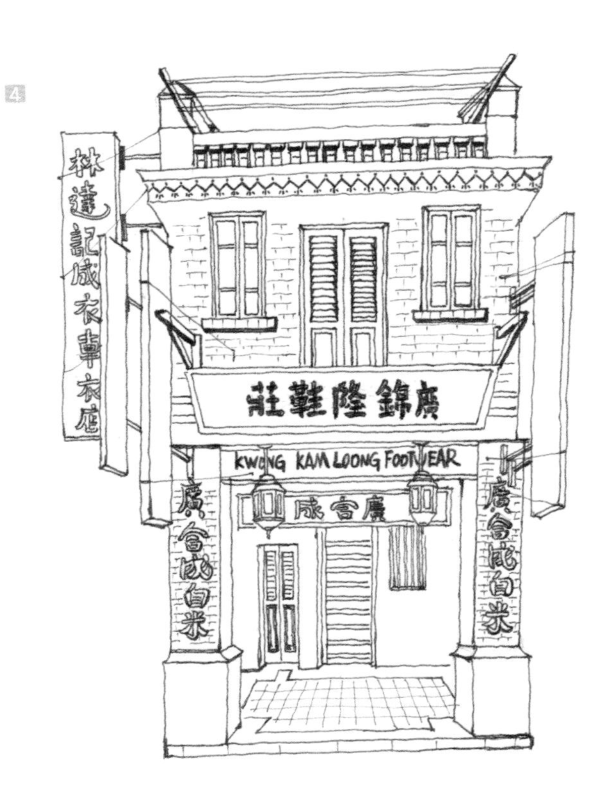

1. 用铅笔将骑楼的外形勾画出来，上下两层的高度大致相同。

2. 用钢笔把骑楼的轮廓大致描绘出来，可以添加一些细节，如窗户、门、栏杆等。注意线条要保持流畅。

3. 给招牌加上字，可以先用铅笔把每个字的大概位置定出来，然后用钢笔去画，有些字的边缘可以压重一些，这样比较有立体感。

4. 给墙面和地面添上一些砖块纹理。画砖块纹理的时候可以把钢笔竖起来一点，用笔尖去画，不要太用力，线条轻一点，这些属于画面里“虚”的部分。

上色

对骑楼进行第一次铺色。

1. 二楼墙面采用湿接法上色，从下往上去衔接，下部用土黄加永固绿混合后上色，中间部分在下部颜色的基础上加入威尼斯红后上色，上部用普蓝、紫色和一点威尼斯红混合后上色。

2. 一楼左边柱子，柱身正面先用土黄加威尼斯红混合后给下部上色，再加入一点紫色往中间部分衔接上色，最后加入一点永固绿给上部上色；柱身侧面用普蓝、紫色、镉红混合后上色；底座部分用土黄加镉红混合后上色。一楼右边柱子，柱身正面先用土黄、紫色、群青蓝混合后给下部上色，再加入一点紫色往中间部分衔接上色，最后加入普蓝给上部和柱身侧面上色；底座部分用普蓝、紫色、镉红混合后上色。二楼墙面的颜色要深一点，这样才能形成空间感，用到的颜色有土黄、橄榄绿、威尼斯红、乌褐。

骑楼墙面整体为黄色，但各部位颜色有区别，要区分好每一部位黄色的冷暖变化和色彩倾向，切勿过于单调。

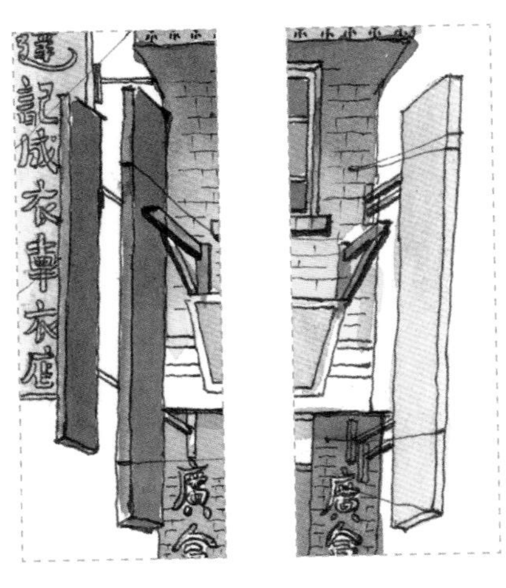

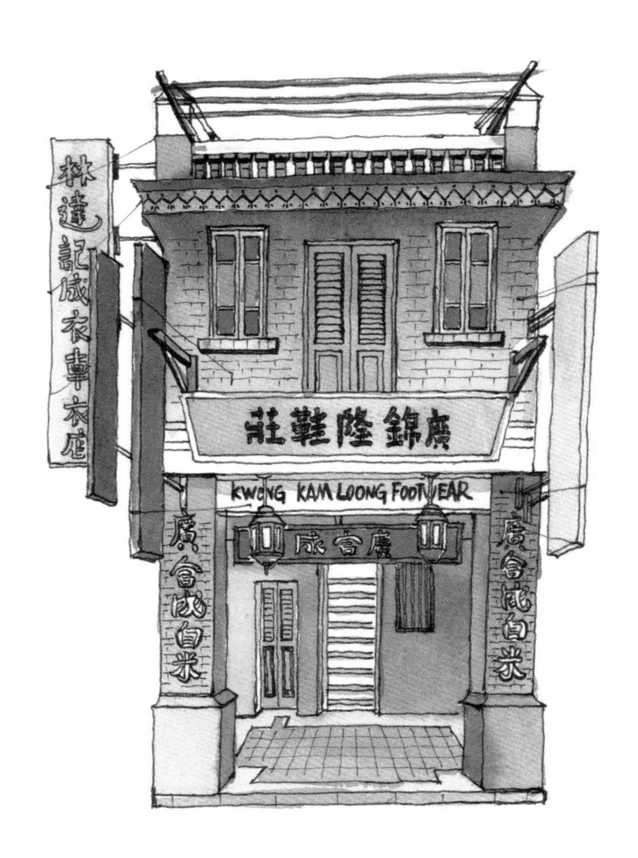

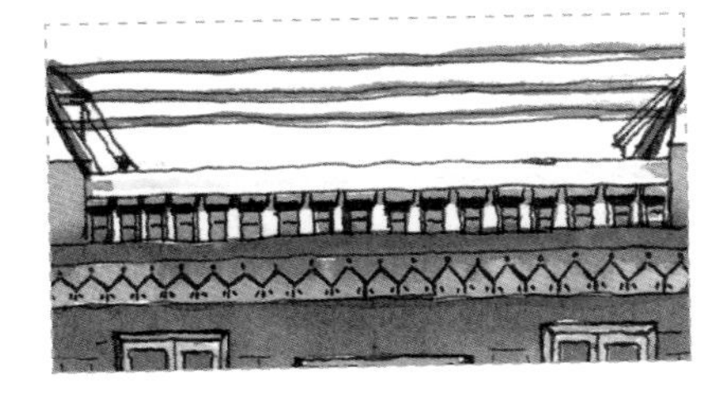

刻画骑楼的细节部位。

1. 给二楼左右两组招牌上色时要有所区别，左边属于背光面，右边属于受光面，所以左边招牌颜色比右边招牌颜色要深一点。左边用威尼斯红、乌褐、群青蓝混合后上色，右边用紫色、群青蓝加一点土黄混合后上色，右边调色时多加一点水。

2. 二楼门窗的颜色与墙面的颜色要有区别，门窗的颜色偏红一点，用土黄、威尼斯红、镉红混合后上色。

3. 屋檐的颜色偏灰一点，不然无法体现出老房子的陈旧感。屋檐前面突出部位的纯度比后面栏杆部位的纯度高，前面突出部位用群青蓝、镉红、紫色混合后上色，后面栏杆部位在前面颜色的基础上加入一些普蓝后上色，降低纯度，这样就能区分出前后关系。

刻画阴影部分。

1. 二楼墙面的阴影颜色整体偏蓝，分两次叠加。第一次用群青蓝、镉红、酞菁绿混合后上色，等颜色差不多干了，再用群青蓝、紫色、乌褐混合后第二次叠加上色。

2. 画出二楼招牌、支撑招牌的木架旁及招牌后墙面上的阴影，用到的颜色有群青蓝、紫色、镉红、威尼斯红。

3. 一楼最里面的墙面用紫色、威尼斯红、土黄、群青蓝相互混合后上色。最左边墙面上和地面上的阴影用群青蓝、镉红、威尼斯红混合后上色。加深门窗的暗部，画出左边小门和里面招牌的阴影，使其更加有纵深感，用到的颜色有乌褐、群青蓝、紫色、威尼斯红、普蓝等。

阴影颜色整体偏冷，可以从面积大一点的阴影入手，刻画阴影时要注意阴影颜色和形状的变化。

刻画细节，添加一些小面积的阴影，加深支撑招牌的木架，刻画招牌上的字。

1. 二楼门和窗的阴影要与墙面的阴影协调，用乌褐、紫色、威尼斯红混合后上色。

2. 左边正面的长招牌，用群青蓝、镉红、乌褐混合后给上面的字上色，再用小笔在字的周围勾勒出一些阴影，使其有立体感。之后用同一颜色加深中间招牌的字。用酞青绿和紫色混合后勾画出最右边招牌的字。左边两个侧招牌属于背光部分，上面的字可以省略。

调整画面。

最后调整画面，用高光笔画出一些线条和亮色部分，这幅画就完成了。

解忧水果店

扫码观看视频

工具

颜料： 丹尼尔 • 史密斯管状水彩颜料

纸张： 300 克莱顿中粗水彩纸

钢笔： 写乐美工钢笔

毛笔： 华虹毛笔

配色

天蓝　深棕　深褐　土黄

猩红　中黄　浅绿　花绿

群青蓝　阴影紫　玫瑰红　浅莎黄

群青紫　酞菁绿

线稿

1

3

2

1. 用铅笔简单勾画出房子、遮阳伞和水果摊等的外形。

2. 用钢笔将所有物体的轮廓大致描绘出来，注意水果摊箱子的透视，一楼室内先留白。

3. 添加一些细节，如招牌上的字、墙面和瓦片的纹理、窗户上的装饰、水果摊箱子的纹路等，还可以刻画一些暗面，加强对比。

上色

给房子的上半部分及遮阳伞上底色。

1. 招牌以群青蓝为底色，加入一些阴影紫、玫瑰红混合后上色，注意避开上面的字。

2. 墙面先用群青蓝、天蓝、深褐混合后给下半部分上色，然后多混入一点群青蓝和深棕后，往上衔接上色。

3. 瓦片先用深褐加土黄混合后给下半部分上色，然后用群青蓝加深褐混合后，往上衔接上色。

4. 雨棚采用湿接法上色，先用浅莎黄加猩红混合后给下半部分上色，然后加入玫瑰红给上半部分上色。

5. 用猩红加浅莎黄混合后给左边遮阳伞正面上色，然后加入一点群青紫给侧面上色，垂帘部分用天蓝、群青紫混合后上色。先用天蓝、群青紫混合后给右边遮阳伞的右边亮一点的部位上色，然后加入一些群青蓝给左边暗一点的部位上色；垂帘部分用群青蓝加一点阴影紫混合后上色；遮阳伞里面露出来的部分用天蓝、深褐加多一点的水混合后上色。

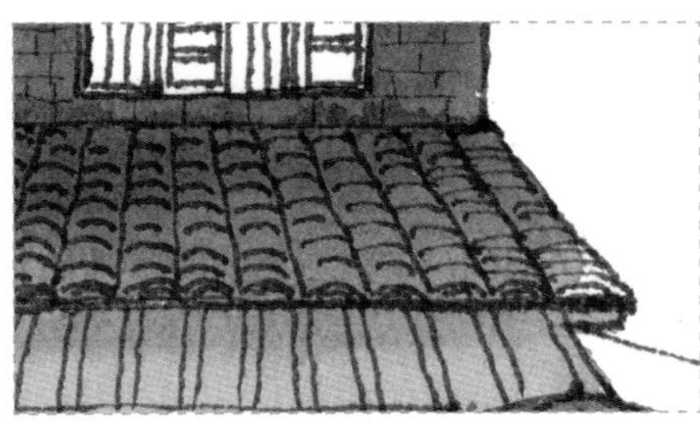

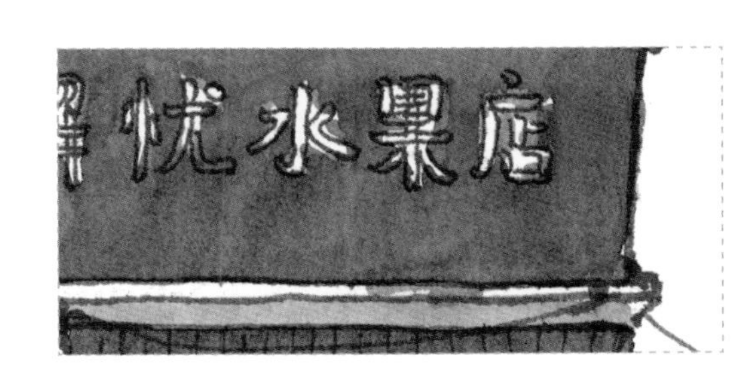

给房子的下半部分及剩下的物体上色。

1. 房子外面的地面用土黄加猩红混合后上色，房子里面的地面用土黄、深棕、群青紫混合后上色，这两个地方都用土黄做底色，这样过渡自然。

2. 房子里面的暗部，先用阴影紫加玫瑰红混合后给下面浅一点的部分上色，然后多调入一点群青蓝和阴影紫给上面深一点的部分上色。

3. 水果的色彩比较丰富，上色用到的颜色主要有中黄、浅莎黄、猩红、玫瑰红、浅绿、花绿、酞菁绿等，见细节图。

4. 给水果摊箱子上色，注意区分出暗面和亮面。左边箱子先用猩红加土黄混合后给亮面上色，然后混入一点玫瑰红给暗面上色；右边箱子先用花绿加群青紫混合后给亮面上色，然后同样混入一点玫瑰红给暗面上色。

给水果上色之前，把调色板和毛笔洗干净，以免把水果画得太脏。

刻画阴影，制造光感。

1. 招牌上的阴影主要用群青蓝、群青紫、阴影紫混合后上色，墙面上的阴影用群青紫、群青蓝、深褐混合后上色，瓦片上的阴影用群青蓝、玫瑰红、深棕加一点点阴影紫混合后上色。

2. 雨棚部位，先用玫瑰红加中黄混合后画出上面的阴影，再用深褐加中黄混合后画出上面的条纹。

3. 右边遮阳伞上的阴影用玫瑰红、群青紫、群青蓝混合后上色。

4. 房子下半部分里面的暗部用群青蓝、阴影紫、深棕混合后加深。随后用群青蓝、阴影紫、深棕混合后，画出房子里面地面上的阴影。房子外面地面上的阴影浅一点，可以用天蓝、群青蓝、深褐混合后上色。

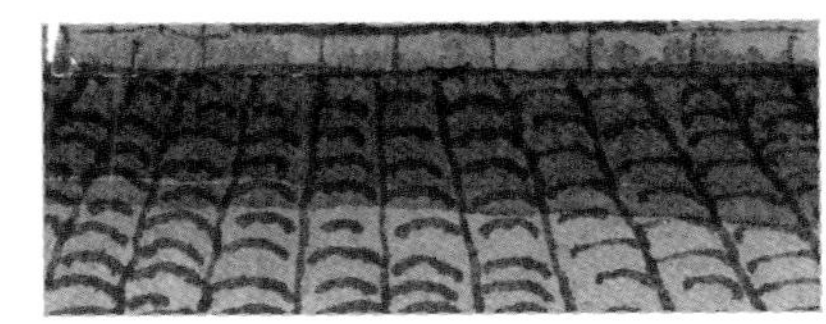

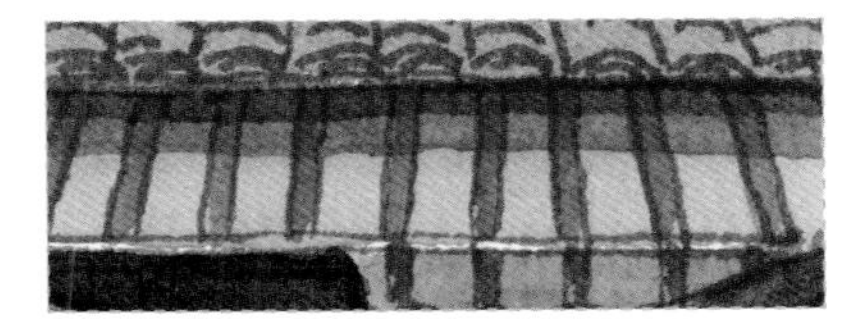

补充一些细节。

1. 两个遮阳伞垂帘的颜色需要加深，右边遮阳伞里面露出来的部分颜色也需要加深，用到的颜色有群青蓝、玫瑰红、天蓝、深棕等。

2. 右边地上西瓜的暗部用花绿加群青紫混合后加深一下，这样立体感更强。用玫瑰红加群青紫混合后，给左边的果箱和水果添加一些细节。

3. 用深棕和群青蓝混合后画出房子上部窗户上的铁栏杆，记得用小号的笔去刻画。

4. 最后用高光笔刻画一下招牌上的字和电线，并且给遮阳伞、雨棚、水果摊等部位添加一些高光，这幅画就完成了。

老居民房

扫码观看视频

工具

颜料： 丹尼尔·史密斯管状水彩颜料

纸张： 获多福高白中粗水彩纸

钢笔： 写乐美工钢笔

毛笔： 华虹毛笔

配色

土黄　猩红　花绿　天蓝

深棕　深褐　浅莎黄　玫瑰红

群青紫　群青蓝　中性黑

线稿

1

2

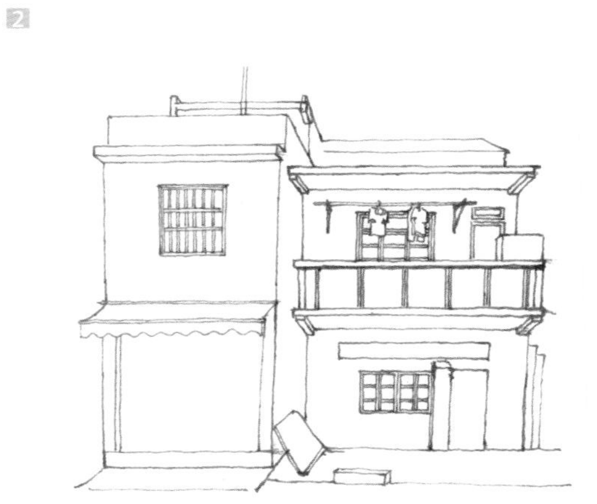

3

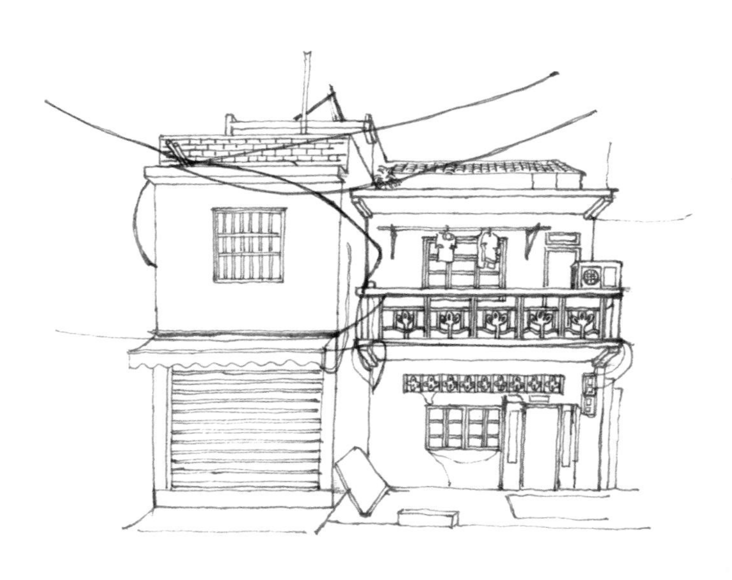

1. 用铅笔简单勾画出房子的外形，把大致的比例和框架画出来即可。

2. 用钢笔将老房子的外形大致描绘出来，并且画出门窗的结构。

3. 添加一些细节，如门、窗、栏杆的装饰，墙面、屋顶瓦片的纹理、电线等。

房子左半部分要比右半部分高一点，画线稿的时候要注意。另外，阳台和房顶突出来部分的透视要遵循近大远小的原则。

上色

A 给房子的左半部分铺色。

1. 房顶正面的砖墙属于受光面，颜色偏暖，用猩红、土黄、深褐混合后上色；房子侧面的砖墙属于暗面，颜色偏冷，用猩红、深棕、群青紫混合后上色。

2. 上部正墙面用浅莎黄、土黄、猩红混合后上色，上色时多混入一点水，这样才能形成淡淡的感觉。

3. 铁门采用湿接法，用浅莎黄、玫瑰红、群青紫混合后上色。雨棚和下部侧墙面用群青紫、群青蓝、玫瑰红混合后上色。窗户内部用群青蓝、玫瑰红、中性黑混合后上色。

4. 门口地面用浅莎黄、土黄加多一点水混合后上色。

房子左半部分颜色整体比较鲜亮，但要注意区分同类色，这样空间感才能出来。另外，房子左边正墙面和铁门都是黄色的，但铁门处于阴影之下，所以明度和纯度都低一点。

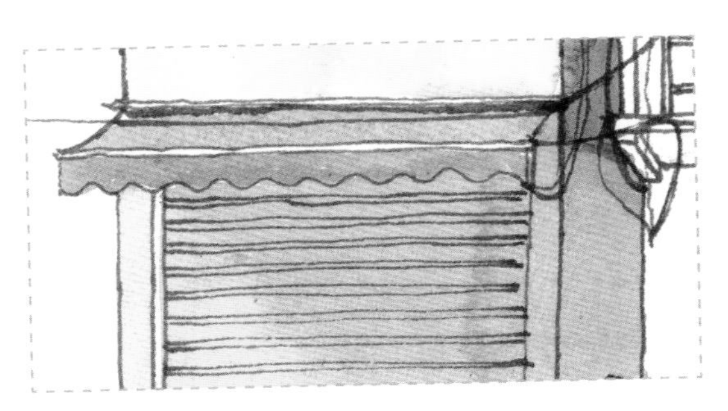

给房子的右半部分铺色。

1. 上部栏杆用土黄加猩红混合后上色。房顶属于暗面，颜色偏冷，用群青紫、群青蓝、深棕混合后上色。墙面采用湿接法从下往上慢慢衔接，下面用土黄、深棕、群青紫混合后上色，中间用群青紫、群青蓝、深棕混合后上色，上面在中间颜色的基础上多加一点群青紫后上色。

2. 下部墙面采用湿接法从右往左上色。右边先用浅莎黄、猩红加一点点花绿混合后上色，然后用土黄加群青紫混合后慢慢向左衔接上色，再用群青紫、深褐加一点点玫瑰红混合后给墙面右下方及上方上色。

3. 地面用深棕、群青蓝、玫瑰红混合后上色。

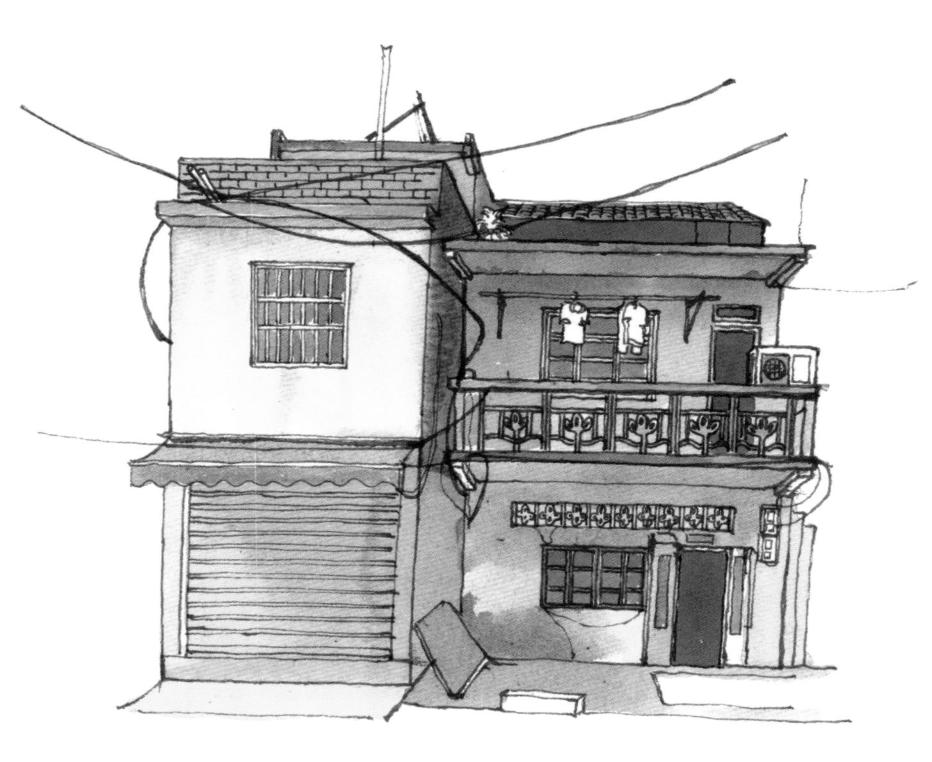

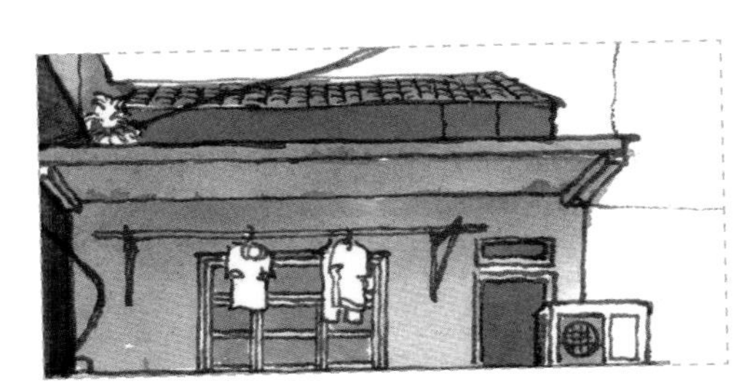

刻画房子左半部分墙面和铁门上的阴影。

1. 上部正墙面上的阴影用群青紫和群青蓝调出一种蓝紫色后上色，阴影的颜色可以略有变化，比如右边阴影在上色时适当加入了一点玫瑰红。上部侧墙面上的阴影用玫瑰红、深棕、群青蓝调出一种偏冷的棕色去上色。

2. 铁门上的阴影整体偏蓝、偏冷，用天蓝、群青紫、猩红混合后上色。下部侧墙面上的阴影用群青蓝、群青紫、玫瑰红混合后上色。

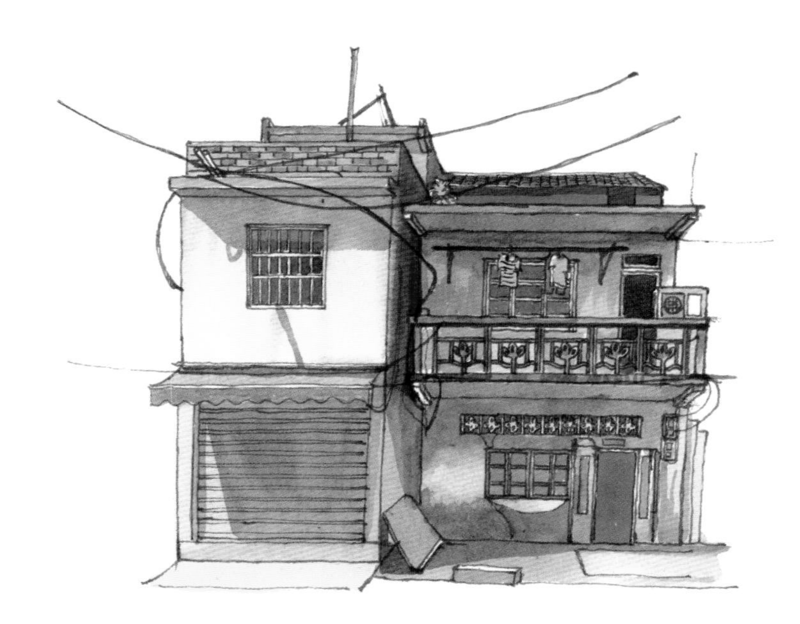

刻画房子右半部分墙面和地面上的阴影及斑驳。

1. 栏杆上的斑驳用群青蓝、群青紫、花绿混合后上色，注意不要把栏杆的底色全部覆盖了。门、窗暗部用深棕和中性黑混合后加深。

2. 上部墙面添加一些斑驳效果，上半部分明度要低一点，用深褐、群青紫、花绿混合后上色；下半部分明度要高一点，多混入一点浅莎黄后上色，这样既有对比又和谐。用群青紫、群青蓝、深棕调出一种灰蓝色，加深房顶的颜色。

3. 下部墙面先画上方的斑驳，从左往右上色。左边偏红一点，用玫瑰红和群青紫混合后上色；往右偏蓝一点，加入一些深棕和群青蓝混合后上色。侧墙面上的斑驳用浅莎黄、深褐、花绿混合后上色。窗户下面墙面上的阴影用深棕、群青蓝、花绿混合后上色。地面上还有块阴影，用玫瑰红、群青蓝、深棕混合后上色。随后多加入一点群青蓝，画出左下角墙面上的斑驳。

房子右边墙面上的斑驳比较多，看上去也比左边墙面老旧，颜色更加丰富，而且笔触比较明显，运笔更加多变。

E 补充一些细节。

最后调整一下画面，加深一下粗点的电线，窗和门内部的暗面可以再次加深，最后用高光笔画出一些白色的电线，这幅画就完成了。

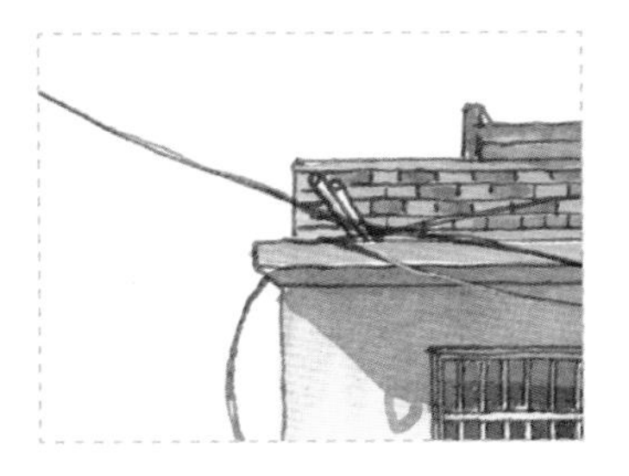

老牌粉面馆

扫码观看视频

工具

颜料：丹尼尔·史密斯管状水彩颜料

纸张：300 克康颂传承中粗水彩纸

钢笔：写乐美工钢笔

毛笔：华虹毛笔

配色

天蓝 深棕 深褐 土黄

猩红 中黄 浅绿 花绿

群青蓝 群青紫 玫瑰红 浅莎黄

中性黑 钴蓝绿

线稿

1

2

3

1. 用铅笔简单勾画出所有物体的外形，先不用刻画细节。

2. 用钢笔将房子的外形描绘出来，房子前面的电动车也可以简单勾画一下。

3. 添加一些细节，如房子左上方砖墙的纹理、灯笼上的一些纹路、招牌上的字和LOGO，还有老房子必不可少的元素——电线。

上色

A 先给房子整体铺底色。

1. 左上方的砖墙，光从左边照过来，所以左边最亮，用土黄、浅莎黄、猩红混合后上色；中间部分用土黄、深褐、猩红混合后上色；右边最暗，用猩红、深棕、群青蓝混合后上色。

2. 左下方的雨棚和地面，顶棚位于暗部，颜色偏冷，用土黄、群青蓝、猩红混合后上色；地面位于亮面，颜色偏暖，用玫瑰红、猩红、浅莎黄混合后上色。

3. 要注意右边区域空间关系的塑造。雨棚是最亮的部分，用猩红、玫瑰红、浅莎黄混合后上色；招牌位于雨棚后面，颜色和雨棚的一样，但是深一点，调色时可以少加一点水，让颜色更深。门和灯笼位于暗部，明度和纯度比较低，多用一些深色去调和，灯笼用猩红、深棕、群青蓝混合后上色。左边门柱比右边的亮，左边门柱用浅莎黄加猩红混合后上色，右边门柱用猩红、深棕、群青蓝混合后上色。门用花绿、群青蓝、玫瑰红、群青紫混合后上色。

铺底色时颜色要保持干净和通透，不要来回涂抹和修改。

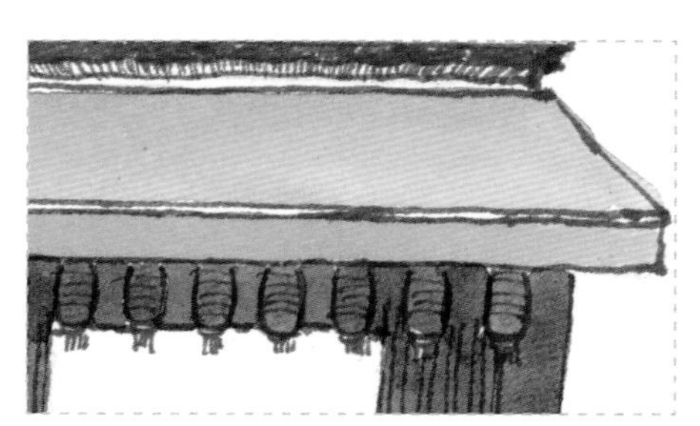

继续铺色和开始刻画细节，同时也对暗面初次进行刻画。

1. 用小一点的笔刻画砖墙上的砖块，注意颜色深浅变化，靠近光源的地方浅一点，用到的颜色有猩红、玫瑰红、土黄、深棕。

2. 刻画门里面的暗部，门里面的细节可以舍掉，用群青蓝、深棕、玫瑰红混合后上色。然后多加入一点深棕，画出其他部分的暗面。

3. 门口的电动车，车身整体颜色偏暗，用中性黑、群青蓝混合后给车身暗部上色，通过控制水量来区分不同车身颜色深浅。用钴蓝绿给中间和右边电动车的后车灯上色，加入一点浅绿给这两辆电动车的车牌部分上色。车轮亮色部分用土黄加深棕混合后上色，车轮暗色部分用中性黑和群青蓝混合后上色。

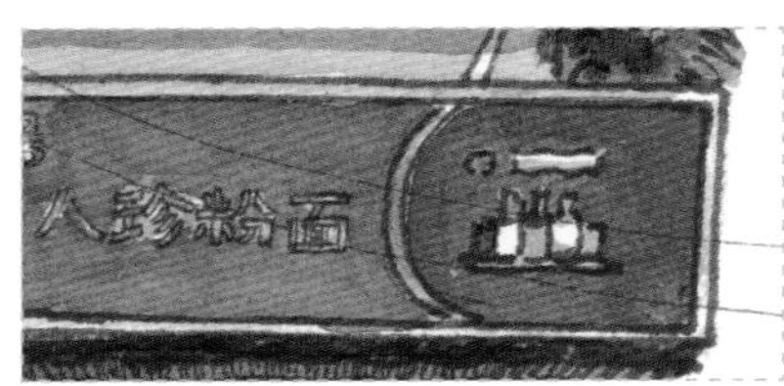

初步刻画阴影和光影，再对画面做一些调整。

1. 左上方的砖墙最右侧的暗面用群青蓝、深褐、玫瑰红调色后加深。用中性黑、深棕、群青蓝调色，加深被子和空调的缝隙、窗口、房顶等，这些地方加深后对比会更强烈。左边房顶和屋檐投射在墙面上的阴影用群青蓝、深棕、猩红混合后上色。右边墙面上的阴影用花绿、群青蓝、群青紫混合后上色。给最右边的植物画上暗面，这样立体感会更强。

2. 招牌的颜色用猩红、中黄加一点玫瑰红调色后加深，然后用小笔去刻画招牌上的字。雨棚上的阴影用群青蓝加玫瑰红混合后上色。用深棕、群青蓝、玫瑰红调出一种偏冷的红色，加深灯笼的颜色。最后画出门柱上的阴影，注意阴影的形状。

D 继续刻画光影，增强画面光感。

用花绿、群青蓝、深棕调出一种深绿色，画出两边门上的阴影。然后用中性黑、群青蓝、玫瑰红调色后，加深一下门里面暗部的颜色。用群青紫、猩红、天蓝调色后画出右边地面上的阴影。左边地面上的阴影用群青紫、玫瑰红加一点猩红调色后画出。用中性黑、群青蓝、玫瑰红调色后画出电动车上的暗部，然后画出电动车投在地面上的阴影。

 调整画面，丰富细节。

用中性黑、群青紫调色后，拿小笔加粗电线。白色水粉颜料加一点土黄进去调色，提亮一下招牌上字的颜色。用玫瑰红加群青蓝调色后画出招牌上电线的阴影。最后用高光笔提亮前面电动车的一些细节，这幅画就完成了。

铁路旁的小房子

扫码观看视频

工具

颜料： 丹尼尔·史密斯管状水彩颜料

纸张： 康颂传承中粗水彩纸

钢笔： 写乐美工钢笔

毛笔： 华虹毛笔

配色

天蓝 深棕 土黄 花绿

猩红 中黄 浅绿 浅莎黄

群青蓝 钴蓝绿 玫瑰红 群青紫

酞菁绿

线稿

1

2

3

1. 用铅笔勾画出房子、电线杆、植被等物体的外形。

2. 用钢笔描绘出房子和其他物体的大致轮廓。

3. 添加一些细节，如铁路、电线、电灯等，使画面更加完整和丰富。

上色

给房子、电线杆、天空铺底色。

1. 房子的上半部分，墙面和雨棚都是黄色的，但有所区别，墙面用浅莎黄加浅绿混合后上色，雨棚用猩红加浅莎黄混合后上色。

2. 房子的中间部分，左边的门用群青紫和群青蓝混合后上色，中间上方的铁皮用钴蓝绿加群青蓝混合后上色，中间下方的铁皮、窗户和栏杆用土黄加浅绿混合后上色，窗户和栏杆里面的暗部用群青蓝、玫瑰红和深棕混合后上色，最右侧的暗部用钴蓝绿、群青蓝和花绿混合后上色。

3. 房子的下半部分，墙面和楼梯正面用土黄加花绿混合后上色。楼梯台阶的颜色偏冷，用群青蓝、群青紫、玫瑰红混合后上色。电线杆用深棕、群青蓝、玫瑰红混合后上色。

B 给草地和植被上色，两者都是绿色的，但有所区别。

1. 先用深棕、土黄、花绿混合后给房子前面的木板路上色。左边的草地，用浅绿加中黄混合后上色。右边的草地先调出一种偏黄的绿色铺底色后，再调出一种偏冷的绿色叠加一下，用到的颜色有浅绿、酞菁绿、中黄、土黄。铁轨之间的草地用土黄、浅绿、深棕混合后上色。

2. 房子两边的植被可以同时进行刻画，调色时绿色要比黄色用得多，先画亮色部分，再画出暗色部分，注意两部分的颜色要衔接自然，用到的颜色有酞菁绿、中黄、花绿。

3. 远处的植被颜色偏深、偏冷，用到的颜色有酞菁绿、群青蓝、群青紫、玫瑰红。随后用中黄、浅莎黄、猩红混合后给铁轨右边的墙面上色。

刻画主体部分，包括房子和电线杆，给房子画上阴影并制造光影效果。

1. 房子上层墙面上的阴影用天蓝、酞菁绿、玫瑰红调色后画出，之后用酞菁绿、玫瑰红、深棕调色后加深墙面上的阴影。用玫瑰红加中黄调色后，画出雨棚上条纹右侧的阴影。

2. 中间左边门上的阴影用群青蓝加玫瑰红调色后画出。中间上方铁皮的阴影用群青蓝、钴蓝绿、玫瑰红调色后画出。用群青蓝、深棕、玫瑰红调色，加深窗户左边和底部的暗面，加强明暗对比。

3. 房子下半部分墙面上的阴影偏蓝色，纯度较低，用到的颜色有群青蓝、花绿、深棕、玫瑰红。楼梯上的阴影要用小笔去刻画，用群青蓝、深棕、玫瑰红调色后画出。

4. 电线杆的暗面及铁轨的暗面用群青蓝、深棕、玫瑰红调色后画出。

刻画细节和阴影，注意这些地方稍微刻画一下即可。

1. 用深棕、花绿、土黄调色后，画出房子前面木板路上的纹理。随后用比较干的笔触，给草地添加一些层次，丰富草地的颜色，注意区分绿色的深浅变化，用到的颜色有中黄、浅绿、土黄、浅莎黄、花绿、深棕。等所有颜色干透后，用玫瑰红、群青蓝、花绿调色后画出电线杆在草地上的投影。

2. 给植被画上一些暗面，使其对比强烈一点，更有层次感，每个暗面的颜色都要有一点变化，用到的颜色有酞菁绿、群青蓝、花绿、群青紫、玫瑰红、中黄。

补充一些细节。

用高光笔画出白色的电线，再画出栏杆及铁皮上的一些高光部分，这幅画就完成了。

咖啡屋

扫码观看视频

工具

颜料： 丹尼尔·史密斯管状水彩颜料

纸张： 300 克康颂传承中粗水彩纸

钢笔： 写乐美工钢笔

毛笔： 华虹毛笔

配色

天蓝　深棕　深褐　土黄

猩红　中黄　浅绿　花绿

群青蓝　群青紫　玫瑰红　浅莎黄

中性黑　钴蓝绿　酞菁绿　翡翠绿

线稿

1

2

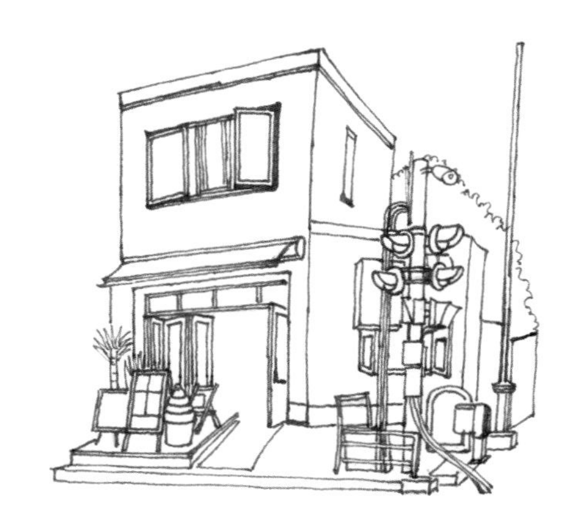

3

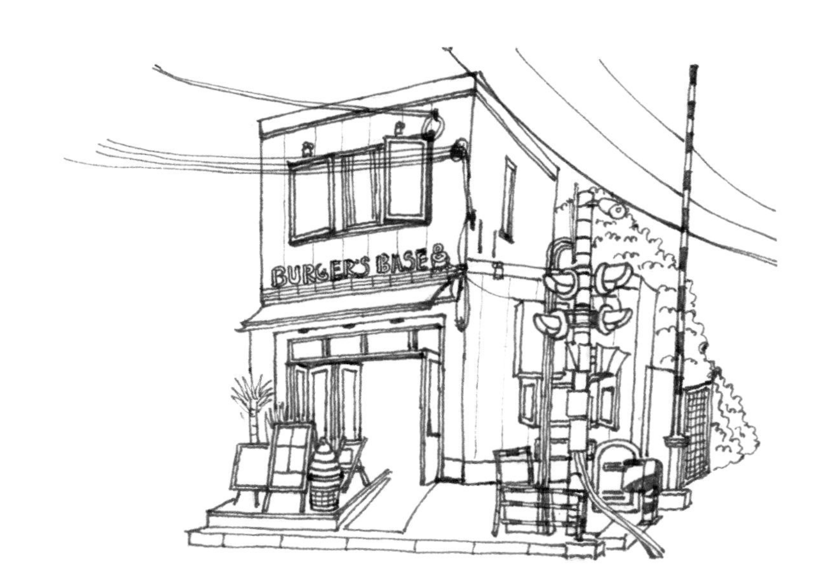

1. 用铅笔将房子和其他物体的外形勾画出来，这个场景的画法属于两点透视。

2. 用钢笔将所有物体的外轮廓描绘出来，注意物体线条的前后和穿插关系。

3. 添加一些细节，如房子墙面的纹理、带字的招牌、门窗的装饰、电线等。

上色

A 给房子铺底色，注意颜色要保持干净和明亮。

1. 房子上层，正面墙面用浅莎黄、中黄加一点深褐混合后上色，侧面墙面用浅莎黄加钴蓝绿混合后上色。

2. 房子下层，左边墙面用到的颜色有深褐、玫瑰红、群青蓝、群青紫，右边用深褐、群青紫、浅莎黄混合后上色。侧墙面和右边墙面下边缘上色用到的颜色有土黄、浅莎黄、猩红、钴蓝绿。

房子上层，正、侧面墙面的主色调都是黄色的，但颜色有所区别，侧面墙面受到旁边树的环境色影响，颜色黄中偏绿；房子下层，左、右墙面颜色也有所区别，右边墙面受光照，颜色比左边偏暖，明度也高一点。

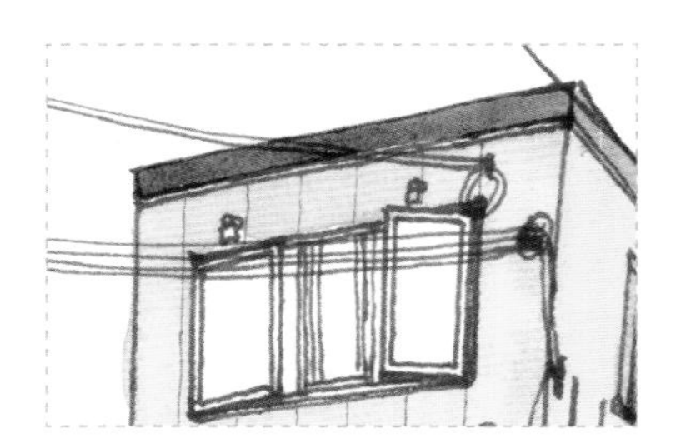

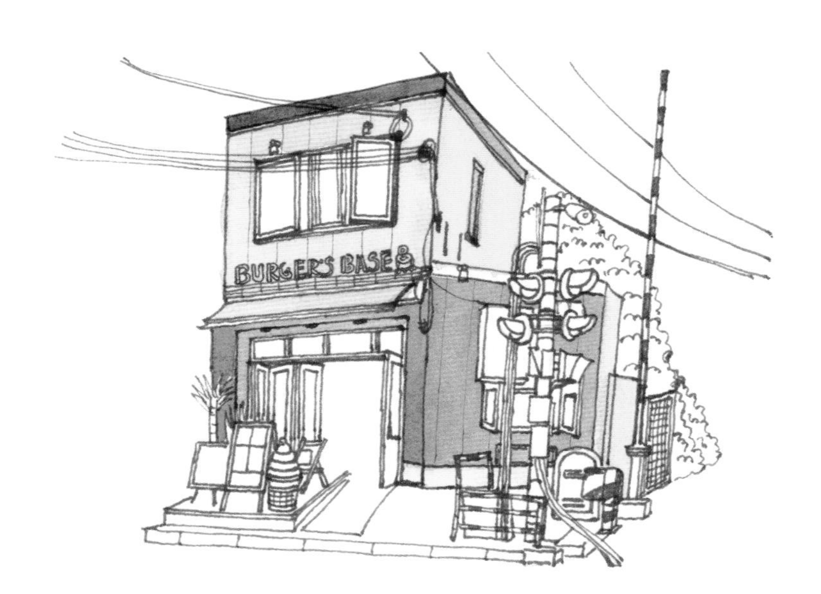

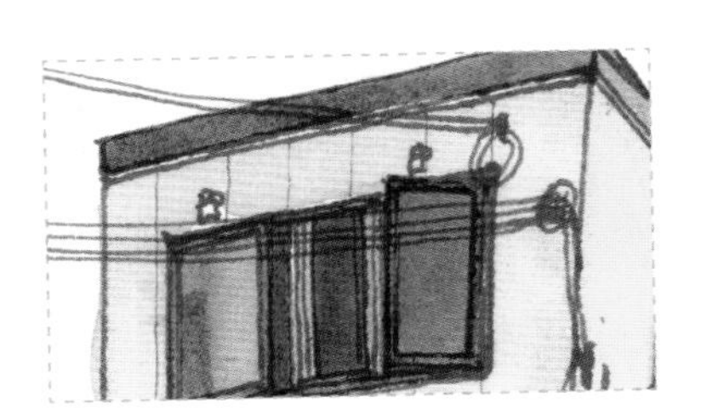

刻画房子门窗里面的暗部及地面。

1. 给窗户上色。先用群青蓝、深棕加一点中性黑调色后画出窗框；左边窗户受光照影响，有一块黄色的色块，用浅莎黄加深褐调色后画出，左下角部位用群青蓝加深棕调色后画出；中间窗户最暗，先画出黄色的窗帘部分，然后用群青蓝、中性黑、玫瑰红调色后画出最暗的部分；右边窗户比中间窗户稍微亮一点，用群青蓝加花绿调色后画出。

2. 给门上色。先用土黄、浅莎黄、猩红调色画出门框的亮部，再混入一点玫瑰红画出门框稍微暗一点的部位。再刻画门里面的暗部，注意区分色彩变化和颜色深浅变化，以群青蓝为主色，与其他颜色混合后上色，比如稍暗一点的部位可以多混入一点深棕后上色，更暗的部位可以适当加入一点中性黑，个别部位还可以添加玫瑰红、天蓝。

3. 给地面上色。左边地面部分用浅莎黄加深棕混合后上色，给台阶立面上色时多混入一点群青紫。右边地面用浅莎黄、土黄、深褐混合后上色，注意最后边低一点的部位颜色要深一点，给台阶立面上色时加入一点深棕。

门窗暗部及地面的颜色大部分偏冷色，与黄色的墙面形成冷暖对比；另外，还要给门口的植物、招牌架子、甜筒模型以及房檐上色，大家可以自己尝试调色、上色。

给右边的指示灯、窗户、树木等物体上色。

1. 指示灯和窗户上色用到的主要是黄色色系和深蓝色系，画的时候要注意区分颜色深浅和色彩变化，用到的主要颜色：黄色色系以中黄、浅莎黄为主色，可添加猩红、钴蓝绿调色；深蓝色系以群青蓝为主色，可添加群青紫、玫瑰红、中性黑。

2. 树木部分，先用浅绿、浅莎黄、中黄调色后画出里层比较亮的部分，趁湿用花绿、酞菁绿、中黄调色后画出外层比较暗的部分。

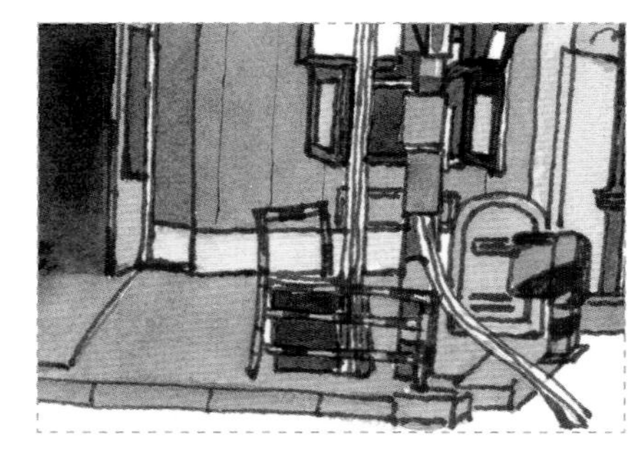

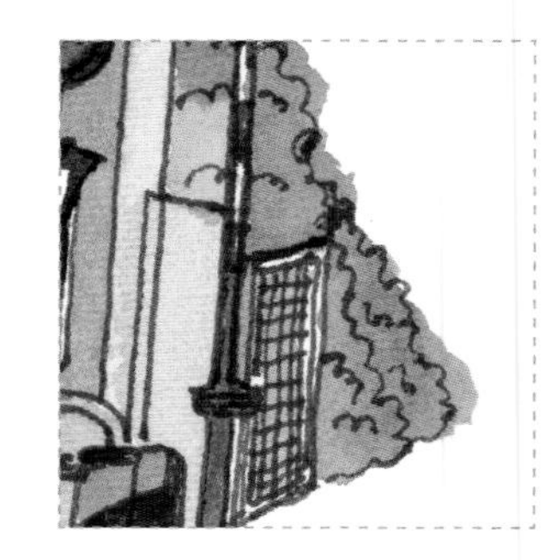

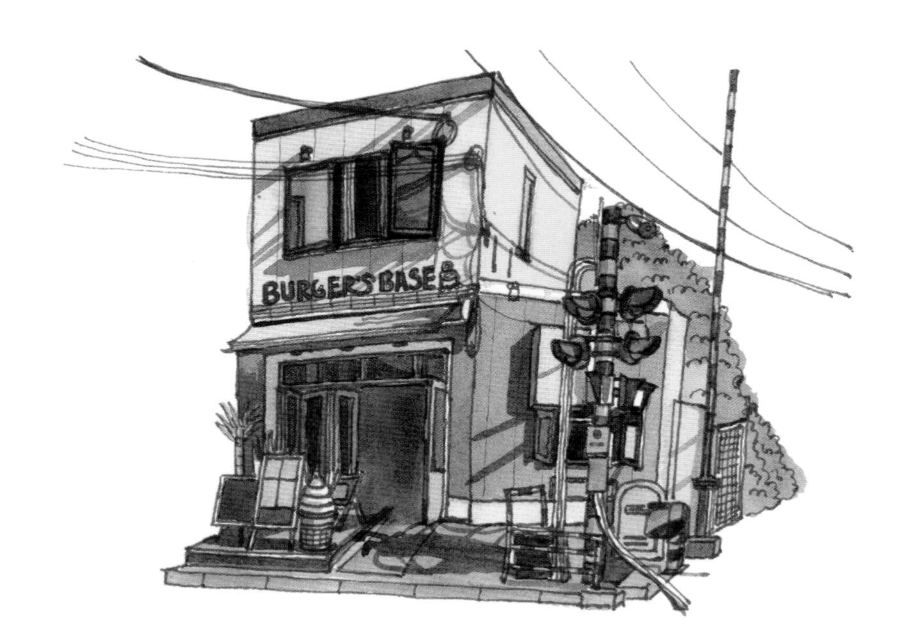

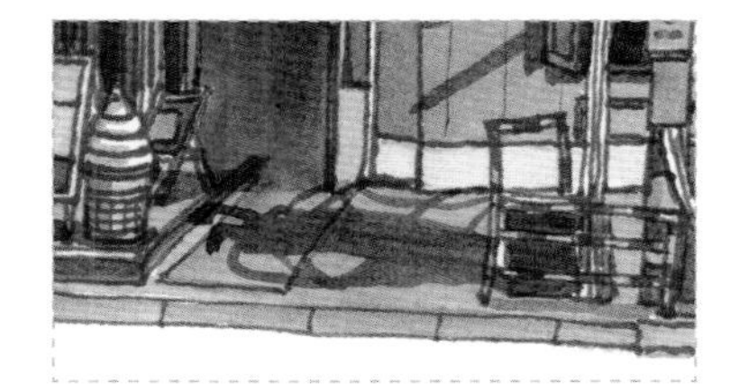

刻画阴影及细节部分。

1. 房子左上部分，先用群青蓝加深棕调色后加深窗户的暗部，然后画出玻璃上电线的投影，再用猩红加浅莎黄调色后给招牌的字上色，最后用群青蓝、群青紫、猩红调色后画出墙面上的阴影。

2. 房子左下部分，先用深棕、深褐、群青蓝调色后，画出雨棚上面和下方的阴影；再用群青蓝、玫瑰红加一点中性黑调色后，加深门里面的暗部；然后用土黄、深褐、群青紫调出一种黄色，加深门框的暗部；之后用深棕、群青蓝、玫瑰红调色后画出地面上的阴影；门口的招牌架子和甜筒模型也要注意刻画细节。

3. 房子右边部分，先用群青蓝、玫瑰红、深褐调色后，画出窗户和墙面上的阴影；再多加入一点群青蓝，画出地面上的阴影，注意地面阴影的形状；指示灯和杆子上的一些暗面和阴影也要进行刻画。

调整画面细节。

最后调整一下画面细节，用土黄加一点深棕后，画出最右边的地面；用翡翠绿加一点中黄调色后，给树的外层添加一些细节和层次；用高光笔画出高光部分，这幅画就完成了。

日本街道

扫码观看视频

工具

颜料： 丹尼尔·史密斯管状水彩颜料

纸张： 300 克康颂传承中粗水彩纸

钢笔： 凌美狩猎者

毛笔： 华虹毛笔

配色

天蓝　深棕　深褐　土黄

猩红　中黄　浅绿　花绿

群青紫　群青蓝　玫瑰红　酞菁绿

浅莎黄

线稿

1

2

1. 这一组场景的画法属于两点透视，所有物体都往两边缩小，先用铅笔勾画出所有物体的外形。

2. 用钢笔将所有物体的大致轮廓描绘出来。

3. 添加一些细节，画出木屋上的纹理。

4. 完善细节，如给植物画上叶子、招牌上面添上字等。

Tips 中间的房子是主体，要重点刻画，而其他地方则不要刻画得太精细，以免喧宾夺主。

3

4

上色

给中间的房子及房子门口的树上色。

1. 先给房子中间的墙面上色，上色时要避开字。左边墙面颜色比较浅，用群青蓝加群青紫混合后上色，然后趁湿叠加外边沿的颜色，这样就能形成中间浅外面深的效果。右边墙面用群青蓝、花绿、深褐混合后上色。

2. 房子上半部分，左边用土黄、深褐加一点点深棕混合后上色，右边用深棕、群青蓝、玫瑰红混合后上色。木板部分左右颜色也要有所区分，左边用浅莎黄加土黄混合后上色，右边下半部分用浅莎黄加一点酞菁绿或者花绿混合后上色，右边上半部分用土黄加玫瑰红混合后上色。最后再勾勒一些门窗的边框。

3. 房子下半部分，需重点刻画门口部位。先用深棕加一些群青蓝画出门框。然后给玻璃上色，玻璃的颜色一定要通透，先用浅莎黄加花绿调色画出上半部分的玻璃，再用天蓝、群青蓝、酞菁绿调色后画出下半部分的玻璃。植物的亮部用酞菁绿加中黄调色后画出，暗部在亮部底色里加一些花绿和群青蓝调色后画出。

光从左边来，所以房子左边部分要亮一点，右边部分要暗一点。

B 给左右两边的房子上色。

1. 给右边房子上色时，侧面先用深棕加土黄混合后给上半部分上色，然后加入一点玫瑰红衔接下半部分。正面用深棕、玫瑰红、群青蓝混合后上色。接着用土黄加一点玫瑰红混合后给窗户上色，再用群青蓝加深棕混合后给门上色。

2. 给左边房子上色时，先用浅莎黄加猩红混合后给所有的亮面部分铺底色，再用浅莎黄、土黄加一点玫瑰红混合后给房子的暗面上色；之后用中黄、猩红加一点土黄混合后给围墙上色。给小车上色时，先用深棕、群青蓝、玫瑰红混合后给车窗上色，再用浅莎黄、土黄加一点玫瑰红混合后给车顶和车身亮色部分上色，趁湿用群青蓝加玫瑰红混合后给车身叠色。指示牌和门上的玻璃上色用到的颜色有群青蓝、群青紫、玫瑰红、深褐。植物的颜色整体偏亮、偏暖，外层用中黄加浅绿混合后上色，内层加入酞菁绿和一点群青紫混合后上色。

刻画中间和右边两座房子的细节和阴影效果。

1. 中间房子上半部分墙面的阴影用深棕、群青蓝加一点玫瑰红调色后画出。至于黄色木板上的阴影，有些偏红，有些偏蓝，有些偏绿，根据不同的色彩倾向去调色。中间招牌的右边部分用群青蓝、花绿、深棕混合后加深，左边部分用天蓝加群青蓝混合后加深，注意对外围部分加深即可。

2. 中间房子下半部分侧墙面阴影受到植物的环境色影响，颜色偏绿，用深棕、花绿、群青蓝调色后画出。门框用深棕、玫瑰红、群青蓝混合后加深。底部玻璃用群青蓝和深褐色调色后画出上面的色块；然后加一点深棕混合后，画出顶部玻璃的色块；最后用天蓝加一点土黄，加多一点水调色后，给中间玻璃薄薄地上一层色。用花绿加中黄调色后，画出植物的暗面；再用花绿、群青蓝、深棕调色后给植物增加层次。

3. 刻画右边房子的木质纹理时，要加一点水，侧面先用深棕加玫瑰红调色后画出外层纹理，然后加入一些群青蓝后画出里层纹理。正面纹理用深棕、玫瑰红、群青蓝调深色画出，注意不要将原来的底色全部覆盖完。

刻画左边房子的细节和阴影效果。

1. 先用酞菁绿、花绿、中黄调色后加深植物叶子，接着调入一点玫瑰红再点缀一些叶子，以加强层次感。然后用天蓝、玫瑰红、群青紫调色后画出植物下面墙面上的阴影，用同样的颜色画出最左边墙面上的阴影。用中黄加一点猩红调色后，画出木质围墙的纹理。

2. 刻画车的细节和阴影。先用群青蓝加深棕调色后，画出窗户和车轮的暗部；再用天蓝加一点玫瑰红和一点猩红调色后，画出车身上的阴影；最后用群青蓝、玫瑰红加一点深棕调色后，画出车地面上的投影。

3. 用群青蓝、玫瑰红、深褐调色后，画出右边地面上的大投影，调色时多加一点群青蓝。

调整画面细节。

最后调整一下画面细节，用小笔给招牌添上字，用高光笔画出电线及一些物体的高光，这幅画就完成了。

老街理发店

扫码观看视频

工具

颜料： 荷尔拜因管状水彩颜料

纸张： 300 克康颂莫朗粗纹水彩纸

钢笔： 写乐美工钢笔

毛笔： 华虹毛笔

配色

深棕　深褐　土黄　洋红

黄色　普蓝　朱红　深紫

红色　橄榄绿　孔雀蓝　翡翠绿

线稿

1

2

3

1. 用铅笔将所有物体的外形勾画出来，注意近大远小的透视关系。

2. 用钢笔把房子的大致轮廓描绘出来，注意保持线条的流畅和果断。

3. 给左侧的房子添加一些细节，如木质墙面的纹理、门窗的装饰等。

4. 给右侧的房子添加细节，并给门口招牌添上字，画出电线等。

4

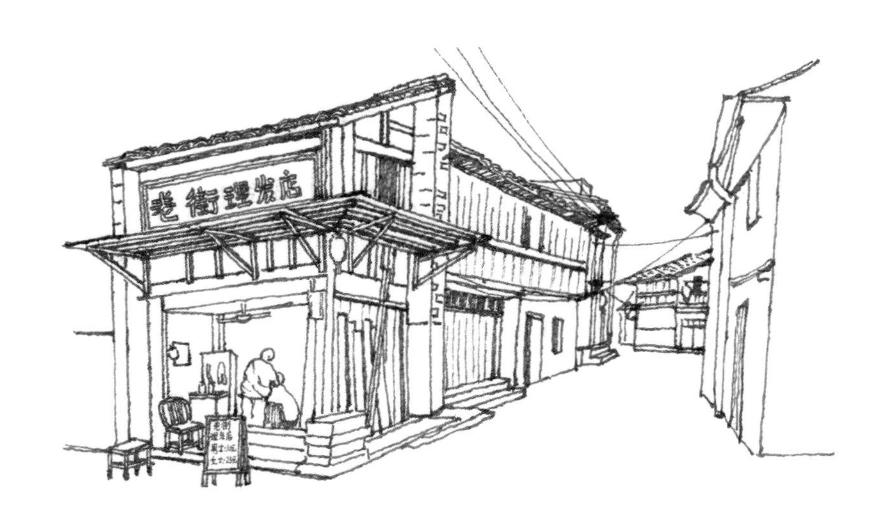

上色

给左侧最前面的房子铺底色，注意，房子的侧面要比正面亮一点。

1. 给房子侧面上色，下面的木质墙面是反光部分，明度比较高，上色时可以多加一点水，用深棕、深褐、土黄混合后上色。给上面的木质墙面上色时少加一点水，用到的颜色有深棕、洋红、橄榄绿、普蓝、朱红、深棕、土黄，注意区分各部分颜色的深浅和纯度的高低。

2. 给房子正面上色时，门框和石阶可用比较深的绿色上色，这样能体现出老房子的陈旧感，用翡翠绿、深褐、深棕、深紫等颜色相互调和后上色，注意冷暖关系。门的内部整体色调偏蓝、偏冷，与外部的暖色调形成对比，用到的颜色有普蓝、洋红、深褐。雨棚下方墙面的颜色较深，用深褐、普蓝、洋红混合后上色。招牌的颜色浅一些，用深棕加土黄调混合后上色；招牌外边沿颜色较深，用深棕、普蓝、洋红混合后上色。

房子侧面下面的木质墙面是反光部分，明度比较高，上色时可以多加一点水；上面的木质墙面明度比较低，上色时少加一点水。

给左侧后面的房子上色。

1. 先给中间的房子上色，中间木质墙面的颜色、纯度和明度比较高，以土黄为底色，加入一点深褐和深棕混合后上色。上层木板墙面和下层左侧木质墙面用深褐、土黄、翡翠绿混合后上色。下层右边砖墙面用土黄、朱红加多一点水混合后上色。下层左右两边墙面的转折面用普蓝、深紫混合后上色。房檐、门、窗的颜色都要深一点，上色时少加一点水。

2. 最后面房子的墙面颜色偏冷，用普蓝、洋红混合后上色。

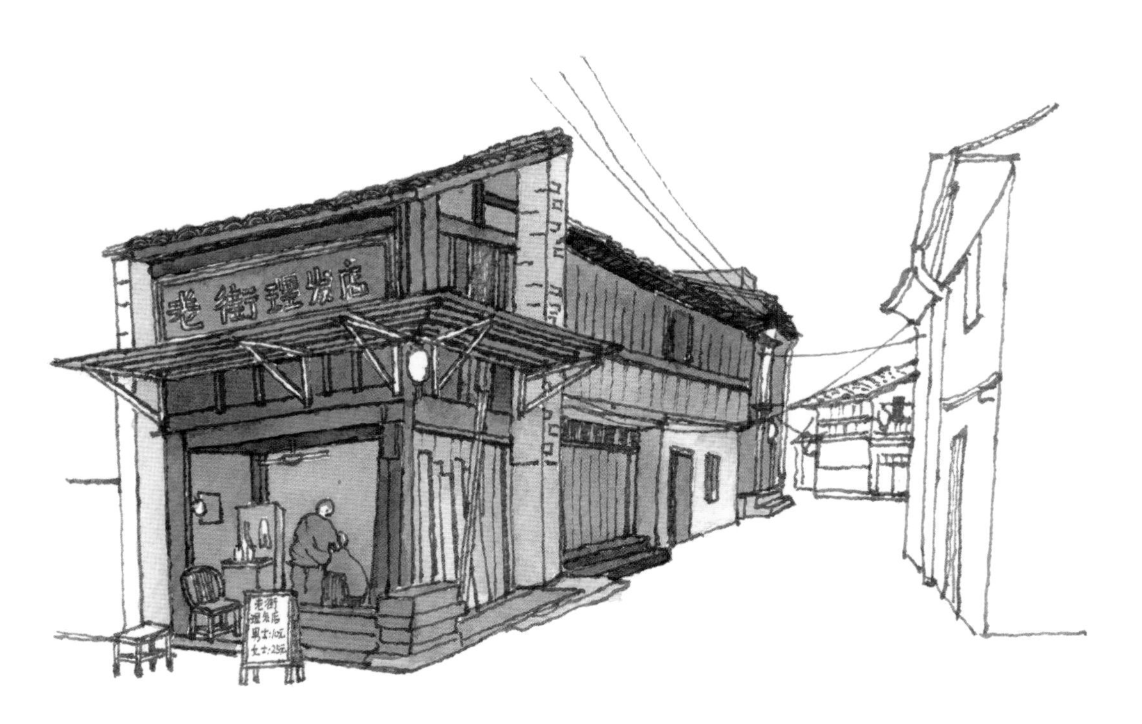

给右侧的房子上色，右侧房子位于背光面，整体色调偏冷。

1. 先给前方的房子上色，墙面用普蓝、深紫、深棕混合后上色；房檐、门、窗的颜色较深，用深褐、普蓝、深紫混合后上色。

2. 后面的房子不用刻画得太仔细，但也要分出亮面和暗面。给亮面上色时多加一点水，用到的颜色主要有土黄、朱红、深褐、普蓝；给暗面上色时少加一点水，用到的颜色主要有普蓝、深紫、深褐。

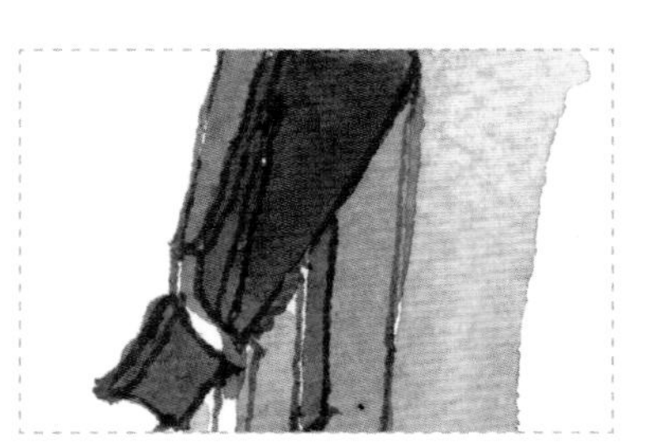

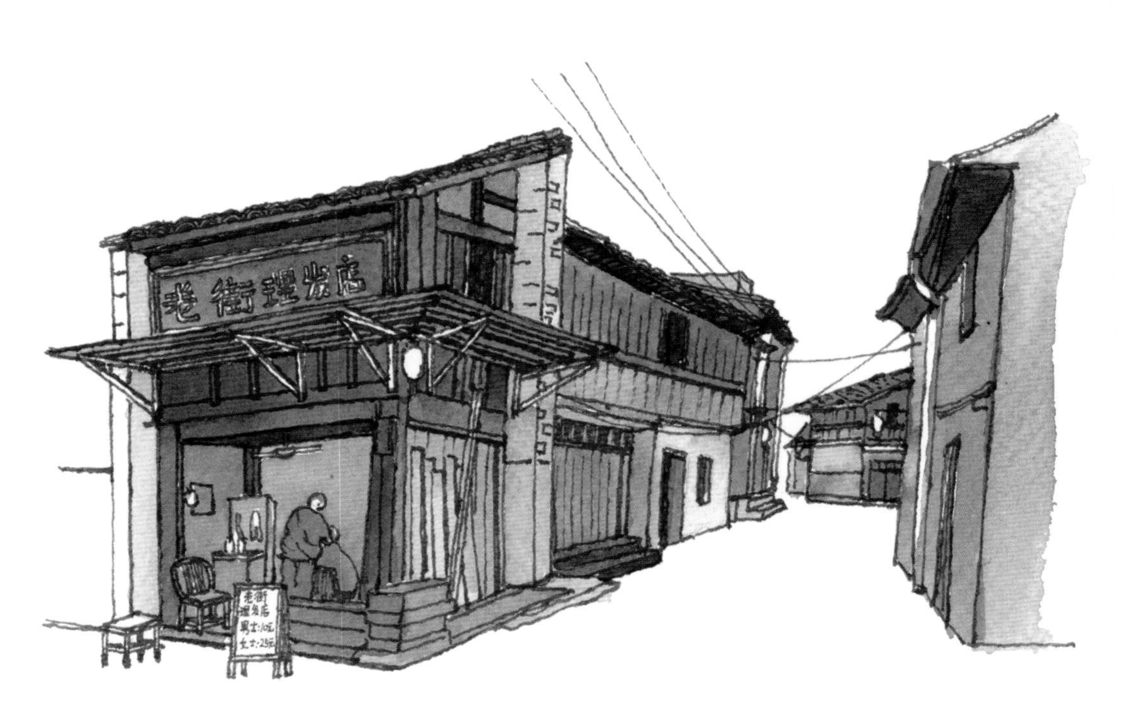

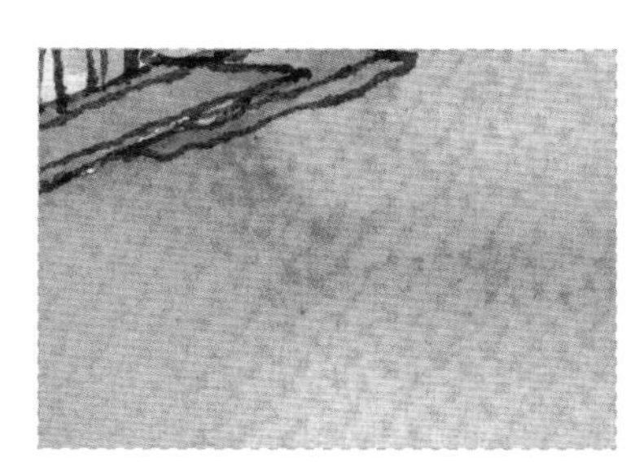

 给天空和地面上色。

1. 给天空上色时多加一点水，用普蓝、孔雀蓝、红色混合后上色，天空下方红色可以多加一点。

2. 地面后半段的颜色浅一点，用黄色、土黄、翡翠绿混合后上色；前半段的颜色深一点，用土黄、深褐、橄榄绿混合后上色。这样地面有一些色彩变化，显得更有层次感。

刻画左侧房子的细节，因为这部分是整个画面亮点所在，需要重点刻画。

1. 在刻画最前面的房子侧面时，先用深褐、橄榄绿、深紫调色后加深上半部分木质墙面的颜色，然后多加入一点土黄加深下半部分木质墙面的颜色。注意靠在下半部分墙面上的木条不要刻画，这样才有空间关系。

2. 在刻画最前面的房子正面时，上半部分用深褐、深紫、普蓝调色后加深。以普蓝为底色，加入深褐、深紫后调色，加深雨棚的颜色。

3. 用小一点的笔刻画中间房子木质墙面的纹理，中间部分纹理颜色的纯度高一点，用土黄加一点深棕混合后上色。上层木质墙面和下层左边木质墙面的纹理用土黄、深褐、橄榄绿混合后上色。

刻画阴影和细节部分，左侧房子依然需要重点刻画。

1. 先刻画地面上的阴影，后半段的比较浅，前半段的稍微深一点，用到的颜色有深紫、普蓝、深棕、洋红。注意阴影的形状和颜色深浅变化。

2. 以普蓝为底色，加入一些红色、深棕调色后，画出砖墙上的阴影。

3. 给左侧最前方的房子上色，先用深褐、红色、普蓝调色后，画出正面和侧面木质墙面上的阴影。房子内部的颜色需要再次加深，加强纵深感；再刻画人物衣服上的阴影；然后画出门外招牌、石凳上的阴影。用到的颜色主要有普蓝、洋红、孔雀蓝、红色、深褐。

4. 给左侧中间的房子上色，用普蓝加深褐调色后画出屋檐下方的阴影，调色时少加一点水。然后刻画下层左边木质墙面最上方的阴影，再加上一点洋红后，画出木质墙面上的阴影。

5. 画右边前面房子墙面上的阴影，用普蓝加洋红调色后画出，这幅画就完成了。

调整画面的时候，可以用亮一点的红色点缀一下灯笼，用亮一点的蓝色刻画椅子，再用高光笔画出电线。

老城区的旧房子

扫码观看视频

工具

颜料： 荷尔拜因固体水彩颜料

纸张： 300 克阿诗中粗水彩纸

钢笔： 凌美狩猎者

毛笔： 华虹毛笔

配色

钴蓝　深紫　深棕　土黄

灰绿　洋红　赭石　红色

普蓝　朱红　黄色　暗绿

酞青绿　玫瑰红

线稿

1

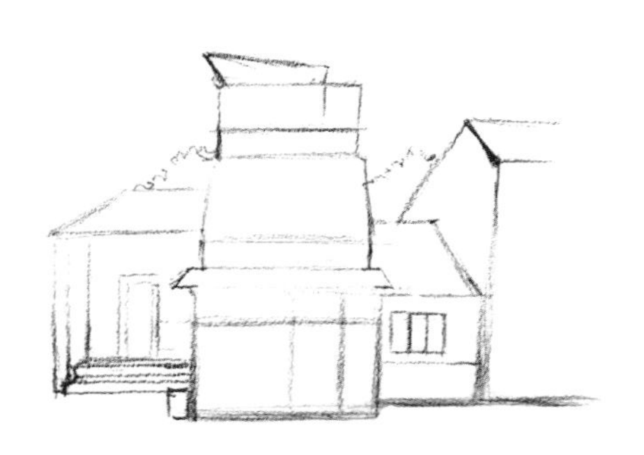

2

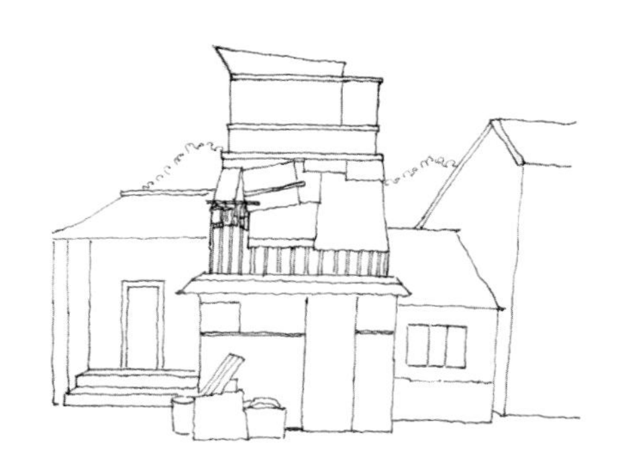

3

4

1. 用铅笔将所有物体的外形勾画出来，注意高低错落和前后关系。

2. 用钢笔把房子的大致轮廓描绘出来，注意保持线条的流畅和果断。

3. 给屋顶、墙面、门窗等添加一些细节纹理，主要是中间的房子。

4. 给两边的房子添加一些细节，并画出电线等。

中间的房子最高、最靠前，是整个构图的视觉中心，要重点刻画。

上色

采用湿接法，从左到右，先给房子铺一层底色。

1. 先用钴蓝、深紫、深棕加多一点的水混合后，给左边房子屋顶石棉瓦凹下去的部分上色，凸出来的部分留白。再用土黄、钴蓝、灰绿混合后，给最左边的长条形正墙面上色。给房子侧墙面和里面正墙面上色，先用酞菁绿、钴蓝加一点深棕混合后，画出比较亮的部分；再混入一点洋红后，画出比较深的部分。台阶正面用钴蓝加洋红、深棕调出一种灰蓝色后上色，顶面留白。最后用深紫、玫瑰红、灰绿混合后，画出门的暗部。

2. 中间的房子分为三层，从上到下铺底色。上层的屋檐部分偏冷灰色，用灰绿、洋红、赭石加多一点普蓝混合后上色；窗户的暗部偏深绿色，用灰绿、普蓝、深棕混合后铺底色，然后在底色基础上多加入一点普蓝，加深部分窗户暗部的颜色；窗户右边的砖墙用玫瑰红、深紫混合后上色；窗户底下一排砖墙颜色用深棕、朱红、土黄混合后上色；上层剩余空白处用土黄、赭石加一点红色混合后填充上色。中间的黄色部分，主色调是黄色，但左边偏黄、中间偏红、右边偏绿，采用湿接法，混合黄色、灰绿、朱红后上色；冷灰色部分，同样用灰绿、洋红、赭石加多一点普蓝混合后上色。下层的雨棚部分，左边用深棕加深紫混合后上色，右边在左边颜色的基础上混入普蓝后上色，制造出渐变的效果；雨棚下面的窗户暗部和门的上半部分也是冷灰色，同样用灰绿、洋红、赭石加多一点普蓝混合后上色，门的下半部分用土黄、赭石加一点深紫混合后上色；墙面上的阴影，左边用钴蓝、洋红、深棕混合后上色，右边在左边颜色的基础上多加一点普蓝后上色。

3. 给右边的房子上色，房顶先用土黄加赭石画出中间凹下去的部分，然后再混入一点深紫后，画出凸出来的瓦片；上半部分墙面，从下往上，由偏暖的土黄色过渡到偏冷的红棕色，根据不同的色彩倾向，用朱红、黄色、土黄、灰绿、洋红、普蓝去调色并上色；下半部分墙面用黄色、灰绿混合后上色。

4. 挨着右边房子的另一座房子的一面墙，同样用黄色、灰绿混合后铺底色，其下部混入一点朱红后再上一遍色。

中间的房子有几处偏冷灰色，可以通过控制普蓝的用量和水量来制造深浅不一的效果。

 给中间的房子刻画细节和阴影，使其质感、立体感、光感更强。

1. 上层的屋檐部分先用普蓝、洋红、赭石调出一种比较深的蓝色来加深，然后在这个底色的基础上多加一点普蓝调色后，画出砖墙和窗户上的阴影，部分砖墙上的阴影可以多加一点洋红后进行刻画。

2. 中间的黄色部分，先用钴蓝加洋红加多一点水调色后，画出上部一些浅紫色阴影。下部左边部分用土黄加一点深棕调色后，用比较干的笔触画出竖条状纹理；右边部分用暗绿、灰绿、土黄加多一点水调色后画出一层淡淡的绿色斑驳，再多加入一些灰绿画出深一点的纹理。冷灰色部分用灰绿、普蓝、洋红调色后加深，部分加深即可。

3. 下层偏冷灰色的窗户暗部和门的上半部分同样用灰绿、普蓝、洋红调色后加深。房前的木板和杂物，黄色部分用朱红加土黄调色，红色部分用洋红、土黄加一点深棕调色，先上一遍色，待干透后再上一遍色。花盆用灰绿、普蓝混合后上色。等颜色干透后，用普蓝、洋红加一点赭石调色后，给这些物体画上阴影。

给左、右两边的房子刻画细节和阴影，丰富画面效果。

1. 左边的房子，先用深紫、洋红、赭石调色后，加深房顶凹下去的部分，再用钴蓝、洋红、赭石调色后，画出墙面上的阴影。

2. 右边的房子，用普蓝、洋红、灰绿调色后画出房顶上的阴影。以洋红为底色，加入普蓝和一点深紫后，画出上半部分墙面上的阴影。窗户部分，先用深紫加洋红淡淡地铺一层底色，待底色干透后，用普蓝、赭石、深紫调色后，画出窗户的暗部。

3. 房子后面的树，先用灰绿、土黄混合后铺一层底色，待底色干透后，在底色的基础上加入洋红和一点深紫，再叠加上一遍色。

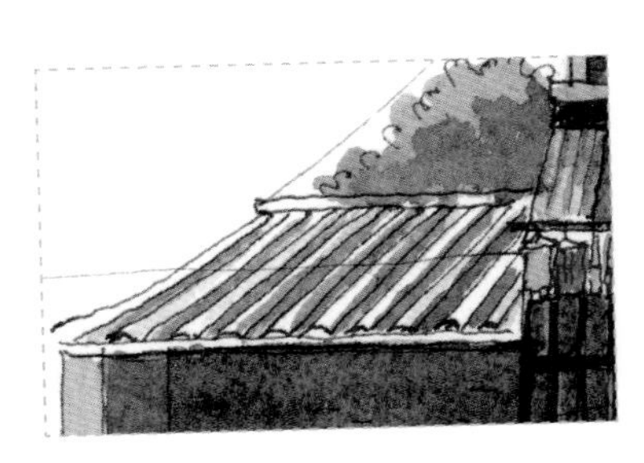

D 给地面上色，调整细节，完善画面效果。

1. 用土黄、赭石、酞菁绿调色后，给地面上色。待干透后，用普蓝、洋红、赭石调色后画出电线在地面上的投影，顺便压一下房子底部的颜色。

2. 先用高光笔画出一些线条，不用太多，然后用洋红、普蓝、深棕混合后，加入一点水，用敲溅的方式把调好的颜料敲在纸上，制造画面氛围，这幅画就完成了。

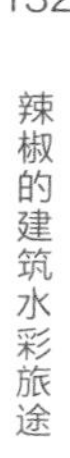

我喜欢走街串巷，

去发现那些吸引我的场景和小角落；

有些地方或许很不起眼，

有些人或许只是擦肩而过，

但我总会发现其中的美好，

然后用自己的方式去留住它们；

时代在发展，

生活在继续，

曾经美好的一切人和事物，

画笔可以让它们永存，

在我看来，这就是写生的意义！

PART 3 写生篇

2018.3.17 南宁中山路临胜街老房子

临胜街曾经是南宁的一个老城区，我以前经常去那里写生。如今那里已经全部拆掉了，临胜街也从南宁的地图上消失了。画这幅画的时候，临胜街已经拆得差不多了，我当时是坐在一堆废墟上完成的这幅画。画中的这间房子当时还有人居住，保留着一点生活气息，我有点触景生情，因而拿起画笔，把这间房子最后的时光定格下来。

2018.6.14 柳州三江侗寨木屋

这幅画是在柳州三江侗寨旅行时候画的。那天漫步在河边的小路上，走着走着，觉得有点累了，就找了个地方坐下来，正好眼前有一座木屋，感觉挺有意思的，就画下来了。侗寨的木屋大部分是灰蒙蒙的，但是我在画的时候把木屋颜色的纯度提高了，然后给木板添加了一些层次和质感。我们在画画的时候，可以不完全参照实物，也可以主观对颜色进行一下处理。

2018.6.20 成都宽窄巷子老建筑

初到成都，放下行李，我就去了宽窄巷子。作为成都的著名景点，宽窄巷子的人很多，但是街道却很干净。我到达时已近傍晚了，于是迅速找了个没什么人的角落画起来了。为了在天黑前画完这幅画，我没有仔细去刻画细节，只是把当下的感觉记录下来就收笔了。在时间不充裕的情况下，随手创作一幅简单的小画，也别有一番趣味。

2018.6.27 成都平乐古镇民居

在成都平乐古镇画这张画时已近黄昏，光线不太好，而且一直在变化，所以我在画的时候对光源进行了主观处理。如果大家在写生时遇到光线不太好的情况，可以自定光源或者记住某一时刻的光源去作画，不要一直跟着光线的变化去画，否则画面会很混乱。对光影关系把握不准的小伙伴，可以不那么注重光影的表现，只要区分出明暗关系就好。

2018.9.13 南宁鼓鸣寨村土屋

鼓鸣寨是南宁市上林县一个原汁原味的古村，距离南宁市区一个多小时的车程。鼓鸣寨里有很多古老的土屋，而且寨子里很安静，基本都是当地居民，没什么游客，特别适合写生。这幅画中右边的屋子我主观改成蓝灰色了，与左边土黄色的屋子形成冷暖对比。屋旁晾晒的衣服，体现出一些生活的气息；屋前的木头堆，则体现出古村特有的味道。

2018.10.8 横州怀古亭

怀古亭在横州有一定历史了，其间翻修过几次，平时经常有人到亭子里休憩、小聚。

画这幅画的当天，天气晴朗、阳光灿烂，所以光影效果很容易表现出来。因为当天心情比较好，所以整幅画采用了比较小清新的配色。亭子后面原本有很多的植被，为了突出主体，我做了简化和删除处理。

2018.12.15 南宁人民公园湖心小楼

人民公园是南宁很有历史感的公园，每天都有很多人去晨练，所以也成了我笔下的风景。这幅画是在冬天画的，湖边的冷风徐徐吹来，画画的手都有些僵硬了。受周围环境的影响，整个画面偏冷色。为了突出主体——湖心小楼，我把周围很多物体主观删除了。这幅画还有一个难点在于，如何区分出不同的绿色？我的做法是，通过冷暖对比和纯度变化去调色，比如，在这幅画中，越往后的树颜色越浅、纯度越低。

2018.12.16 南宁双孖井老房子

双孖井是我家附近的一个生活市场，里面有各种物美价廉的生活用品出售，充满了市井气息。那天我在双孖井寻找一个人流量少且可以入画的地方时，被这个角落吸引了——老旧的墙面、屋外晾晒的衣服、错综的电线等，构成了我喜欢的场景，于是就停下脚步画了起来。为了让构图更简洁，我把左边的树去掉了，画画需要学会留白。右边的墙面我主观处理成灰蓝色，这样可以让画面色调更丰富，而且可以与左边黄色的墙面形成冷暖对比。

2019.4.13 南宁捷佳咖啡 • 生活馆

捷佳咖啡 • 生活馆是我上课的一家咖啡店，这张画画于晚上，晚上的灯光效果很好，所以这幅画我重点刻画了灯光和光影，并且把墙面和地面灯光的层次感也表现出来了，室内写生灯光效果刻画得好，会增强画面效果。我还把店里的客人画进了画中，以营造温暖的氛围。

2019.4.22 南宁中山路街景

我很喜欢南宁中山路的街景，因为那里的街景有着丰富的色彩，而且市井气息很浓厚。我在画这幅画时没有做太多的减法，因为这些房子的造型和色彩我都很喜欢，但是我主观地把房子的高低做了调整，高低起伏，形成一种低对比，让构图不至于太死板。画面中的行人和车辆元素增添了更多的生活气息。

2019.6.15 南宁 My Way 咖啡屋

My Way 咖啡屋位于广西艺术学院相思湖校区旁，这家小店承载了我大学时代的很多回忆。这幅画画的是柜台一角，那里的陈设比较有意思。画的时候是晚上，光线比较暗，于是我把画面整体的明度和纯度都提高了，让画面不至于太昏暗。

2019.8.12 北海老街莫宁咖啡店

莫宁咖啡店是北海老街上很文艺的一家小店，这幅画表现的是楼梯转角的一个小角落，我重点刻画了书柜和楼梯台阶部分，书柜上的物品和书籍很多，我做了简化处理，使画面不至于那么凌乱。

2019.9.17 南宁 CGV 影城

CGV 影城是南宁一家比较特别的电影院，装修风格走的是金属工业风路线。这幅画画的是影城的大厅，大厅结构复杂，东西繁多，透视比较难画，于是我将墙面上的图案、招牌等都去掉了，这样画面显得比较简洁。灯光方面，亮处用的橙黄色，阴影处用的蓝色，形成了强烈的冷暖对比，丰富了画面效果。

2019.9.20 南宁共和路越色餐吧

在一个阳光明媚的上午，我背着包包打算去写生。经过共和路的时候，为路边的这间越南餐厅停住了脚步。我比较喜欢东南亚风格的建筑，而且眼前的这座小房子看起来很可爱，于是我就放下包包画起来。这幅画很小，没画什么细节，我把重点放在光影的刻画上，主要是把当天阳光灿烂带来的好心情表达出来。

2019.9.21 南宁百益•上河城商业楼

百益•上河城是南宁的一个网红地，几乎每个南宁人都知道这个地方。这里本来是一个旧工厂，后来被改造以工业风为主创意街区。这幅画画的是集装箱改造的一家比较有特色的服装店，整幅画的配色比较鲜艳，比较符合网红打卡地的风格。

2019.10.27 南宁临胜烧烤店

这幅画画的是临胜烧烤店的一间小包厢，里面陈设的老物件让我想起了童年时期的家，于是决定画下这组场景。画的时候，我把墙面留白，重点刻画陈设的家具。为了表现家具的年代感，我给柜子和凳子添加了一些纹理。地面处理成冷色调，与暖色调的家具形成鲜明对比。

2019.12.14 南宁水街老房子

水街是南宁比较有名的一条老街，承载着很多人的回忆。水街有很多的特色小店和地道小吃，可如今抵不过时代的变迁，拆掉了一部分。我经常去水街写生，想用画本保留它们曾经的样子。这幅画中的老房子也面临拆迁，画里只截取了老房子的上半部分，因为下半部分被拆迁的挡板遮住了，而且上半部分更吸引我。有时候画画不需要画全景，选择自己喜欢的部分去描绘也是可以的。

2020.2.12 横州汽车总站

这幅画是 2020 年 2 月新冠疫情最严重的时候，我在老家画的写生。当时整个车站很冷清，昔日的热闹完全不复存在，与往常相比，是很难得一见的场景，值得去记录。车站的建筑高低错落，外观色彩比较丰富，橙色的外墙砖很复古，很适合写生。于是我默默地拿起画笔，在车站对面的树荫底下画完了这幅画。

2020.3.30 南宁亭子码头观景塔

据说，亭子码头是南宁新晋的网红地，我在网上看到一些相关的资讯后，决定去一探究竟，顺便看看是否有值得写生的场景。去到那里才发现，整个景区还没有完全建成，只有这个欧式观景塔吸引了我。在画这座观景塔时，我做了主观处理，墙面原本是白色的，但是我处理成了偏暖的黄色，并在观景塔底部加入了树木元素，形成强烈的色彩对比，让画面更加鲜活。

2020.4.23 柳州融水安水乡苗寨

当天，我跟朋友早起驱车，打算去山里寻找最原始的苗寨。一路走走停停，花了几个小时才找到这个地方，感觉很适合入画，于是我们爬到半山腰去写生。尽管已经是 4 月份了，但山里还是特别冷，画到一半还下起了绵绵细雨。因为冷得直发抖，想早点画完回家，所以画得比较快，这幅画最终呈现的效果略显狂野。

2020.6.6 南宁和光社咖啡店

和光社咖啡店是南宁的一家网红小店，主营面包和咖啡，里面的陈设很文艺，有不少好玩的小物品。画中的这个小角落，最吸引我的是挂在墙面上的各种小物品，于是我在画中重点刻画了这些小物品和墙面上的光影。

2020.7.7 横州旧修船厂老屋

这幅画表现的其实是老屋前面一个堆放杂物的地方，地上的灶炉、墙上的藤蔓、绿色的门和红色的墙，让我想起了童年时外婆的家。屋前原本还堆放了一个三轮车车架，画的时候我去掉了；然后重点表现了墙面、木门、灶炉的斑驳和质感，并且主观添加了一些光影，提亮了整个画面的色彩。画画的时候，实物只是参考，敢于表达自己的想法才是最重要的。

2020.7.21 南宁解放路老房子

南宁解放路是一条老街，以前路过这里的时候，发现已经拆掉一部分了，于是萌发了要记录它们的想法。写生的当天，天气比较炎热，幸好有一位路过的老爷爷陪着我，他也是画画的，于是我和他边画边聊，直到写生结束。之所以选这座老房子去表现，是因为整个场景比较有节奏感，中间的高房子和两旁的物体形成高低对比，突出了画面的视觉中心。

2020.7.23 广州清平路老民居

清平路是去广州旅行写生的时候，画友带我去的老街。这条老街有很多老建筑，市井气和烟火气十足，是我喜欢的风格。我们坐在树荫下画画的时候，有小朋友过来找我们聊天，夸我们画得好。现实的场景特别复杂，但是我做了取舍，挑选了自己喜欢的部分去描绘。

2020.8.19 南宁边阳二街老房子

边阳二街是南宁比较老的城区，我曾多次去那里写生。在这幅画中，沧桑的老房子前，小摊贩坐在遮阳伞下佛系地做着买卖，时不时有小孩在嬉戏、老人在聊天，整个画面十分温馨，岁月静好，是我一直都很喜欢也很愿意去描绘的场景，能勾起我对逝去童年的回忆。

2020.9.23 横州施家大院

施家大院是广西壮族自治区区级文物保护单位，原为民国时期横州首富施恒益的私人住宅。这组老建筑位于一条很窄的小巷子里，很安静，适合画画。原建筑颜色比较黯淡，墙面上的斑驳和青苔也很多，如果处理不好，画面会很脏，所以我把整体颜色处理得比较明确和鲜艳，墙面上的斑驳和砖块也做了适当的取舍，让整个画面更加干净。

2020.10.15 贵州兴义下五屯村民居

这幅画是在贵州兴义写生时画的。下五屯村里有很多民国时期的建筑，处处可以入画。写生当天下雨了，我想表现出雨天的画面效果，于是在画地面时采用湿画法，先刷一层水，然后趁湿画出地面上一些物体的倒影，最后在画面中添加了一个撑伞的人，营造出了寂寥的感觉。画到一半的时候，村里的居民邀请我去她家吃饭，虽然我委婉拒绝了，但还是感受到了当地人民的热情好客。

2020.12.4 南宁南国街七星社区老房子

有一天我在南国街走街串巷，无意间闯入了这个社区，发现里面很安静。虽然七星社区是老社区，但是很干净，而且充满了浓浓的生活气息，里面的建筑也颇有年头了，处处可以入画。于是我挑了一个自己喜欢的角落画了起来。在这幅画中，我保留了屋前的电车、屋檐下晾晒的衣服、空中错综的电线和地上的盆栽，营造出一个充满生活气息的画面。

2021.1.25 南宁唐人文化园旧书市场

唐人文化园是南宁的古玩市场，比较有文化气息。在一个人少的工作日上午，我漫无目的地在唐人文化园里闲逛，走着走着被一个旧书市场吸引了，于是找了个角度画起来。这张写生以户外书摊为视觉中心，保留了后面的红砖房，以体现复古感，并且在画面里加入了几个人物，增加一些生活气息，整体色彩偏暖色，营造出温暖、怀旧的画面氛围。

2021.1.28 南宁江南公园畅叙馆

江南公园是南宁的一个网红公园，里面的畅叙馆是我一个朋友的小店。当时看到朋友在花园里弹吉他，旁边是我的学生在画画，很有画面感，于是萌发了记录这一刻的想法。这幅画以中间的桌子为视觉中心，旁边的植物和后面的树木、建筑只保留了一部分，以突出桌子这一主体。为了表现出安静、悠闲的午后时光，整体配色比较干净、清新。

2021.2.13 横州三角坪街景

三角坪是一个承载了我很多童年回忆的地方，记忆中一到春节，这里就成了售卖烟花、年货、礼品的地方，热闹非凡。在这幅画中，我把整个街角都画下来了，花了一个下午的时间，边画边回忆往事，画得很细致，连栏杆上的雕花、招牌上的文字都一一呈现。当天画画的视频我上传到社交平台后，引来很多老乡的点赞和评论，勾起了很多人的回忆，也抚慰了很多人的心灵。